essentials

essentials liefern aktuelles Wissen in konzentrierter Form. Die Essenz dessen, worauf es als „State-of-the-Art" in der gegenwärtigen Fachdiskussion oder in der Praxis ankommt. *essentials* informieren schnell, unkompliziert und verständlich

- als Einführung in ein aktuelles Thema aus Ihrem Fachgebiet
- als Einstieg in ein für Sie noch unbekanntes Themenfeld
- als Einblick, um zum Thema mitreden zu können

Die Bücher in elektronischer und gedruckter Form bringen das Expertenwissen von Springer-Fachautoren kompakt zur Darstellung. Sie sind besonders für die Nutzung als eBook auf Tablet-PCs, eBook-Readern und Smartphones geeignet. *essentials:* Wissensbausteine aus den Wirtschafts-, Sozial- und Geisteswissenschaften, aus Technik und Naturwissenschaften sowie aus Medizin, Psychologie und Gesundheitsberufen. Von renommierten Autoren aller Springer-Verlagsmarken.

Weitere Bände in der Reihe http://www.springer.com/series/13088

Eva Derndorfer · Elisabeth Buchinger

Schnellmethoden der Lebensmittelsensorik

Eva Derndorfer
Wien, Österreich

Elisabeth Buchinger
Sensorik, Sensorikum e. U.
Wien, Österreich

ISSN 2197-6708 ISSN 2197-6716 (electronic)
essentials
ISBN 978-3-658-31889-5 ISBN 978-3-658-31890-1 (eBook)
https://doi.org/10.1007/978-3-658-31890-1

Die Deutsche Nationalbibliothek verzeichnet diese Publikation in der Deutschen Nationalbibliografie; detaillierte bibliografische Daten sind im Internet über http://dnb.d-nb.de abrufbar.

Planung/Lektorat: Désirée Claus
Springer Spektrum ist ein Imprint der eingetragenen Gesellschaft Springer Fachmedien Wiesbaden GmbH und ist ein Teil von Springer Nature.
Die Anschrift der Gesellschaft ist: Abraham-Lincoln-Str. 46, 65189 Wiesbaden, Germany

Was Sie in diesem *essential* finden können

- Überblick über Sensorische Schnellmethoden
- Praxisanleitungen mit Prüfformularen, Probenvorbereitung und Durchführung
- Tipps für die Datenauswertung und Interpretation
- Stärken und Schwächen der Methoden

Vorwort

Die Lebensmittelsensorik ist eine praxisorientierte Wissenschaft, deren Methoden und Werkzeuge sich in den letzten Jahrzehnten ständig weiterentwickelt haben. Spannend sind vor allem die sogenannten Schnellmethoden, die Lebensmittelproduzenten dabei helfen, die eigenen Produkte besser kennen zu lernen bzw. mit dem Mitbewerb zu vergleichen. Diese Methoden, die wenig bis gar kein Training seitens der Prüfpersonen bedürfen, sind im deutschsprachigen Raum noch sehr wenig verbreitet. Dieses *essential* soll zum Ausprobieren der Schnellmethoden motivieren und bietet Unterstützung für die Vorbereitung, Durchführung und Auswertung in der Praxis.

Sensorische Schnellmethoden sind für den KMU – Alltag geeignet, sind aber ebenso im akademischen und im landwirtschaftlichen Sektor einsetzbar. Beim Verfassen dieses Buches haben wir unsere Erfahrungen aus der jahrzehntelangen Sensorikpraxis einfließen lassen und geben Empfehlungen für die Praxis im KMU Alltag.

Viel Freude beim Ausprobieren der sensorischen Schnellmethoden wünschen

Elisabeth Buchinger
Eva Derndorfer

Inhaltsverzeichnis

1 Einleitung

Jahrzehntelang bestimmte ein wichtiger Grundsatz die Arbeitsweise in der Lebensmittelsensorik und Consumer Science: nämlich die strikte Trennung in hedonische und analytische Sensorik. Vereinfacht gesagt werden im Rahmen der hedonischen Sensorik ungeschulte VerbraucherInnen nach ihren Vorlieben und Abneigungen befragt. Im Gegensatz dazu dienen geschulte Prüfpersonen bei der analytischen Arbeitsweise als Messinstrumente, um Produktunterschiede und sensorische Eigenschaften zu untersuchen (Tab. 1.1).

Sensorische Beschreibungen erfolgen üblicherweise durch ein trainiertes Panel, das in der Lage ist, Produktunterschiede zu erkennen und diese zu benennen. Die Beschreibungen ergeben ein relativ genaues Bild von einem Produkt und liefern einen Überblick über die wahrnehmbaren Produkteigenschaften. Der Einfluss von Zutaten oder Verarbeitungsschritten auf die Wahrnehmung kann damit ermittelt und Produkte detailliert verglichen werden.

Beschreiben und Intensitäten bewerten sind jedoch sehr herausfordernd und bedürfen eines wochenlangen Trainings. Der Nachteil herkömmlicher deskriptiver Methoden liegt daher im großen Zeitaufwand zum Auswählen und Trainieren eines Panels.

E. Derndorfer und E. Buchinger, *Schnellmethoden der Lebensmittelsensorik*, essentials, https://doi.org/10.1007/978-3-658-31890-1_1

Tab. 1.1 Der ursprünglich geltende Grundsatz in der Lebensmittelsensorik: die Trennung in Analytische und Hedonische Sensorik

Analytisch: Frage die geschulte Prüfperson	Hedonisch: Frage den/die VerbraucherIn
Unterschiedstests	Akzeptanz, Präferenz
Deskriptive Methoden	

1.1 Warum Schnellmethoden?

Im 21. Jahrhundert erfolgte der Schritt zu einem stärkeren Einbeziehen von ungeschulten VerbraucherInnen, um so zu deskriptiven Daten zu kommen, ohne ein Panel[1] wochenlang trainieren zu müssen. Weitere Vorteile ergeben sich aus einem reduzierten Rekrutierungsbedarf, wenigen Begriffen und einer meist simplen Auswertung. Möglich wurde diese Entwicklung durch einfach zu bedienende Sensoriksoftware, die in der Lage ist, große Datenmengen schnell zu erheben und auszuwerten. Aus diesen Gründen werden diese Methoden in der Sensorikwelt als **Schnellmethoden** gehandelt. Der Vorteil der sensorischen Schnellmethoden ist, dass sie auch in kleinen und mittleren Unternehmen erfolgreich umgesetzt werden können. Da sie in der Praxis nicht verbreitet sind, soll dieses Buch eine Unterstützung für den Verkostungsalltag bieten.

Die Methoden sind noch nicht genormt und liefern auch ungenauere Ergebnisse als deskriptive Prüfungen mit aufwendig trainierten Panels, sind jedoch sehr vielversprechend und der Kosten-Nutzen-Effekt ist überzeugend.

Für die Durchführung der Tests benötigen die Testpersonen wenig bis keine Sensorikerfahrung – für die Planung und Auswertung der Methoden sind allerdings Produktkenntnisse und ein Basisverständnis für die Lebensmittelsensorik unabdingbar.

Oft ist eine genaue Charakterisierung der Produkte gar nicht nötig, sondern der relative Vergleich zu anderen Produkten (z. B. zum Mitbewerb oder in der Produktentwicklung) von Interesse: beim Benchmarking oder zum Ermitteln, welche aus zahlreichen Prototypen sensorisch am ähnlichsten sind. Ein Ansatz der Schnellmethoden ist daher auch, die Produkte in Ähnlichkeitsmessungen zueinander in Relation zu setzen, statt sie einzeln detailliert mit Worten zu beschreiben.

[1]Als Panel wird eine Gruppe an Prüfpersonen bezeichnet. Meist wird der Begriff für sensorisch trainierte Personen verwendet.

1.2 Überblick über sensorische Schnellmethoden

Die große Vielzahl der sensorischen Schnellmethoden basiert auf folgenden Messprinzipien:

- **Verbale Beschreibungen:**
  Bei diesen Methoden wird ein Vokabular vorgebeben, das von den Testpersonen angekreuzt oder auf einer einfachen Skala nach der Intensität der einzelnen Merkmale bewertet wird.
  - CATA (Check-all-that-apply)
  - RATA (Rate-all-that-apply)
- **Messen von Produktähnlichkeiten oder -unterschieden:**
  Dabei handelt es sich um sehr intuitive Methoden, bei denen alle Proben nach Ähnlichkeiten und Unterschieden in Gruppen zusammengefasst oder auf einem Blatt Papier aufgestellt werden. Bei Similarity Scaling wird jedes Probenpaar nach der Größe seines Unterschieds bewertet.
  - Free Sorting, Free Multiple Sorting, Q-Sorting, Sequential Agglomerative Sorting Task
  - Projective Mapping, Napping®, Partial Napping, Sorted Napping
  - Similarity Scaling
- **Vergleich der Produkte mit einem Standard oder mehreren Standards:**
  Diese Methoden verwenden Standardprodukte bzw. Testproben als Pole, mit denen die anderen Produkte verglichen werden. Die Prüfproben werden entweder hinsichtlich ihrer Unterschiede deskriptiv analysiert oder relativ auf einer Skala bewertet bzw. auf einem Blatt Papier positioniert.
  - Pivot©-Profil
  - PSP (Polarized Sensory Positioning)
  - PSM (Polarized Projective Mapping)
- **Dynamische Methoden:**
  Bei den dynamischen Schnellmethoden werden die Testprodukte über die Zeit, also im Verlauf des Kauens und Schluckens analysiert.
  - TCATA (Temoral-check-all-that-apply)
  - TDS (Temporal Dominance of Sensations)

Die Wahl der Methode und ob eine Schnellmethode die richtige Wahl ist, hängt von der Zielsetzung, der Anzahl an Produkten usw. ab:

- wie viel Information ist wirklich nötig?
- wie viel Produkte, Zeit, Budget stehen zur Verfügung?

Im Folgenden werden einzelne Schnellmethoden vorgestellt und Anleitungen für die Durchführung in der Praxis gegeben. Dabei wurden jene Methoden ausgewählt, die am einfachsten und vielversprechendsten sind – und auch in den Alltag von KMUs integrierbar sind.

Erfolgt die Datenerfassung wie großteils noch üblich mit Papier und Stift, so können einfache Auswertungen mit EXCEL und wenn nötig mit weiterführenden gängigen Statistikprogrammen durchgeführt werden (XLSTAT, R etc.). Der Vorteil von Sensoriksoftware ist, dass hier meist nicht nur die Datenerfassung unterstützt wird, sondern viele Programme bereits eine automatische Auswertung der Daten beinhalten.

Schnelles Beschreiben 2

2.1 CATA (Check-all-that-apply)

2.1.1 Messprinzip

Check-all-that-apply ist eine Prüfmethode, bei der Produkte anhand eines vorgegebenen Vokabulars beschrieben werden. Die Testpersonen verkosten die Proben und kreuzen dabei anhand einer Liste mit sensorischen Begriffen all jene Eigenschaften an, die auf das jeweilige Produkt zutreffen. Nach der Verkostung wird ausgezählt, wie viele Prüfpersonen jedes Merkmal angekreuzt haben. Die häufigsten Begriffe sind die wichtigsten zur Produktbeschreibung.

2.1.1.1 Varianten

RATA (Rate-all-that-apply)
Bei RATA werden wie bei CATA alle zutreffenden Begriffe ausgewählt. Dann wird die Intensität für jedes zutreffende Merkmal anhand einer 3-Punkte-Skala bewertet (1 = schwach, 2 = mittel, 3 = stark).

TCATA (Temporal check-all-that apply)
TCATA ist die dynamische Version von CATA, die nur mit computerisierter Datenerfassung möglich ist. Die Testpersonen selektieren und deselektieren simultan alle zutreffenden Begriffe im Verlauf des Kauens und Schluckens. Es können mehrere Begriffe gleichzeitig angeklickt werden.

E. Derndorfer und E. Buchinger, *Schnellmethoden der Lebensmittelsensorik*, essentials, https://doi.org/10.1007/978-3-658-31890-1_2

2.1.2 Vorbereitung

2.1.2.1 Proben

Sensorische Beschreibungen von Produkten basieren meist auf Vergleichen: das eigene Produkt mit Konkurrenzprodukten, eine verbesserte mit der bestehenden Rezeptur, eine kostenreduzierte mit der Standardrezeptur, ein frisch produziertes Produkt mit einem am Ende der Mindesthaltbarkeit oder mehrere Produktprototypen im Vergleich zueinander. Es kann aber auch der Fall sein, dass die Produktentwicklungsabteilung nur eine einzige Probe zur ersten Beschreibung vorlegt oder dass ein völlig neues Produkt eines Mitbewerbers erstmals sensorisch unter die Lupe genommen wird. Für solche Zwecke gibt es keinen Vergleich, die Beschreibung erfolgt nur für eine einzige Probe.

Während fast alle sensorischen Schnellmethoden methodisch auf Vergleichen beruhen, ist CATA (und die genannten Varianten davon) die einzige Schnellmethode, die man mit einer einzigen Probe durchführen kann. Man kann aber auch mehrere Proben in einem Durchgang testen. Die maximale Probenanzahl hängt – wie bei sensorischen Prüfungen generell – von der Produktkategorie ab: je intensiver und komplexer eine Probe, desto weniger Proben sind möglich.

Die Prüfproben werden dabei idealerweise blind mit dreistelligen Codes dargereicht (siehe Abb. 2.1).

2.1.2.2 Formular

Die Begriffe auf dem CATA-Fragebogen können vorab von geschulten oder ungeschulten Testpersonen erarbeitet werden, aus der einschlägigen Fachliteratur

Abb. 2.1 Beispiel für eine Probendarreichung für einen CATA-Geruchstest mit Kardamomsorten

stammen oder vom Prüfungsleiter bzw. der Prüfleiterin vorgegeben werden. Die Vorauswahl beeinflusst das Ergebnis: einerseits können die Testpersonen auf Eigenschaften aufmerksam gemacht werden, die ihnen selbst nicht einfallen würden, andererseits werden nicht angeführte Produkteigenschaften oft übersehen (Mahieu et al. 2020).

Ähnlich eines Multiple-choice-Fragebogens werden alle auf eine Probe zutreffenden Begriffe angekreuzt. Da KonsumentInnen dazu tendieren, die oberen Begriffe genauer zu lesen und vermehrt anzukreuzen als die später gelisteten, erfolgt die Reihenfolge der Merkmale meist randomisiert[1]. Sinnvoll ist es dabei, die Begriffe auf dem Formular zuerst nach Sinnesmodalität (Aussehen, Geruch, Geschmack etc.) zu gruppieren und nur innerhalb der Sinnesmodalitäten die Attributreihenfolge zu randomisieren (Ares und Jaeger 2013). Das erleichtert die Übersicht und es werden dadurch deutlich mehr Begriffe angekreuzt als bei kompletter Randomisierung. Bei geschulten Prüfpanels ist die Begriffs-Randomisierung unserer Erfahrung nach jedoch nicht erforderlich.

Eine weitere Praxis, um das Überlesen von Begriffen zu vermeiden ist, dass alle Merkmale mit ja/nein beantwortet werden müssen. Dies kann jedoch auch zur Überinterpretation der Merkmale führen. Bei geschulten Panels ist in jedem Fall davon auszugehen, dass alle Begriffe gelesen werden.

Bezüglich der Listenlänge gibt es bislang keine klaren Leitlinien, und in der aktuellen wissenschaftlichen Literatur variiert die Anzahl der Begriffe deutlich. Der Konsens liegt jedoch bei eher kurzen Listen. Dies gilt umso mehr, wenn Kinder als Testpersonen fungieren. Jaeger et al. (2015) empfehlen, die Anzahl der Begriffe von der Zielsetzung des Tests abhängig zu machen: ist CATA ein Add-on zum Akzeptanztest, sollte die Attributliste entsprechend kurz sein. Ist die sensorische Beschreibung als Ersatz für eine klassische deskriptive Analyse gedacht, kann die Liste umfangreicher sein.

Sollen sensorische Begriffe an EndverbraucherInnen, also B2C, kommuniziert werden, empfehlen wir die Beschränkung auf wenige, allgemein verständliche Begriffe. Ebenso sollte die Liste kurz sein, wenn CATA als Schnellmethode in der Qualitätskontrolle zur Produktfreigabe zum Einsatz kommt. Als Begriffe können in diesem Fall potenzielle Fehler aufgelistet werden, oder es ist nur das Merkmal „Fehler" anzukreuzen und die Testpersonen tragen die Art des Fehlers selbst ein.

Insgesamt sind lange Listen genauer, sie führen allerdings auch zu mehr Streuung, sodass einzelne Begriffe seltener verwendet werden. Wir empfehlen

[1]Als Randomisierung bezeichnet man eine zufällige Anordnung der Merkmale am Prüfformular oder der Proben bei der Probendarreichung.

daher, die Anzahl der Begriffe auf ca. 20 zu limitieren und zusätzlich immer Platz für etwaige Ergänzungen zu geben.

Trifft ein Begriff auf Geruch und Geschmack (im Sinne des retronasalen Geruchs) zu, kann er doppelt angeführt werden (z. B. nussiger Geruch, nussiger Geschmack). Dies macht jedoch im Sinne einer möglichst prägnanten Begriffsliste nur bei sehr wichtigen sensorischen Merkmalen Sinn.

Wird CATA im selben Test mit einer Beliebtheitsprüfung kombiniert, wird üblicherweise zuerst die Akzeptanz abgefragt, gefolgt von den sensorischen Eigenschaften mittels CATA. Selbiges gilt für RATA plus Akzeptanz (Jaeger und Ares 2015).

Bei TCATA muss die Begriffsliste kurz sein. Die Begründer der Methode, Castura et al. (2016), verwendeten 10 Begriffe, Ares et al. (2015) je nach Produktkategorie zwischen 6 und 12 Begriffen.

Im Folgenden ein Beispiel für ein CATA Prüfformular (Abb. 2.2):

2.1.2.3 Sonstiges

Die Gaumenneutralisation dient dazu, den Mund von Geschmäckern zu befreien und dadurch Carry-over-Effekten und sensorischen Ermüdungserscheinungen vorzubeugen. Meist wird stilles Wasser oder Leitungswasser verwendet. Je nach Produktkategorie sind jedoch weitere geeignete Neutralisationsmittel notwendig (z. B. frische Äpfel bei Ölverkostungen). Hier ist im Anschluss Wasser zu verwenden. Pausen zwischen den Proben sind ebenso sinnvoll.

Darüber hinaus werden für die Verkostung je nach Produkt codierte Verkostungsbecher/-teller sowie Löffeln oder Gabeln benötigt. Für das Portionieren bedarf es des entsprechenden Geschirrs.

Auf jedem Verkostungsplatz sind ein Formular und ein Kugelschreiber bereitzulegen.

2.1.3 Testpersonen

CATA stellt eine schnelle Alternative zu intensitätsbasierten Prüfverfahren der deskriptiven Sensorik dar, bei denen jede Probe in jedem Merkmal anhand einer unstrukturierten Linienskala oder kategorischen Skala mit zahlreichen Punkten in der Intensität eingestuft wird. Dieser Prozess ist äußerst aufwendig und funktioniert nur mit sorgfältig ausgewählten und geschulten PrüferInnen. Für die Schnellmethode CATA müssen die Prüfpersonen hingegen nicht geschult sein, die Methode kann aber natürlich auch mit geschulten TesterInnen durchgeführt

Name: ______________________ Datum: ______________

Prüfformular CATA

Sie bekommen 3 Gewürzmischungen. Bitte kosten Sie die Produkte nacheinander und kreuzen Sie die passenden Beschreibungen an. Neutralisieren Sie zwischen den Produkten bitte Ihren Gaumen mit Weißbrot und Wasser.

	Probe 347	Probe 129	Probe 552
Zitrus			
Beeren			
Tropische Früchte			
Röstaromen			
Ätherisch			
Nussig			
Grün - grasig			
Kräuter			
Blumig			
Zimt			
Nelke			
Pfeffer			
Kreuzkümmel			
Koriander			

Abb. 2.2 Beispiel für ein CATA-Prüfformular für Gewürzmischungen

werden. Wird CATA in einem Test mit Beliebtheitsprüfungen kombiniert, sind auf jeden Fall ungeschulte KonsumentInnen heranzuziehen.

In wissenschaftlichen Studien werden CATA-Tests mit großen Konsumentengruppen, z. T. mit mehreren hundert Testpersonen, durchgeführt. Verbreitet sind jedoch 60–80 KonsumentInnen oder eine kleine Gruppe von geschulten Personen. Die große Prüferzahl rührt daher, dass die Methode aus der sensorischen Marktforschung stammt, wo ohnehin eine größere Zahl an KonsumentInnen Produkte hedonisch, also hinsichtlich Akzeptanz oder Präferenz, bewertet. Diese Beliebtheitsprüfungen wurden dann um sensorische Charakterisierungen erweitert. Werden geschulte Testpersonen eingesetzt, erzielt man bei großen Produktunterschieden bereits mit sechs Personen passable Ergebnisse, bei kleinen Unterschieden sind mindestens zehn Testpersonen sinnvoll. CATA kann auch mit Kindern ab sechs Jahren durchgeführt werden.

RATA ist im Vergleich zu CATA für ungeschulte Testpersonen ermüdend.

2.1.4 Durchführung

2.1.4.1 Darreichung

Die Proben können nacheinander oder gleichzeitig gereicht werden. Die Probenreihenfolge erfolgt in jedem Fall randomisiert. Wir empfehlen, bei Einsatz untrainierter Prüfpersonen eine kurze Einführung in die Begriffe zu geben und dadurch etwaige Unklarheiten auszuräumen.

2.1.4.2 Testen

Die Prüfpersonen testen die Proben individuell. Während des Verkostens wählen die Prüfpersonen aus einer Liste vorgegebener Merkmale alle zutreffenden aus. Dabei differenzieren KonsumentInnen als Gruppe durchaus auch zwischen zwei Proben, die sich in einem Begriff in ihrer Intensität unterscheiden: der Begriff wird bei der intensiveren Probe öfter angekreuzt. Die Häufigkeit repräsentiert also die Intensität, auch wenn letztere nicht abgefragt wird. Zudem hat sich gezeigt, dass VerbraucherInnen nicht alle CATA-Begriffe auswählen, die sie in einer Probe wahrnehmen, sondern nur diejenigen, die einen individuellen personen- und kategoriespezifischen Schwellenwert überschreiten (Jaeger et al. 2020).

2.1.5 Auswertung

Die Auswertung von CATA ist einfach. Häufigkeitstabellen (Abb. 2.3) sowie Säulen-, Spinnen- oder Balkendiagramme (Abb. 2.4) können in EXCEL erstellt werden und zeigen auf einen Blick, welche sensorischen Merkmale die häufigsten sind. Die häufigsten Begriffe gelten als die wichtigsten.

Darüber hinaus können Signifikanztests mit dem Cochrane's Q Test durchgeführt werden. Mit diesem Test wird auf signifikante Produktunterschiede in den einzelnen Begriffen getestet.

Letztlich können Ähnlichkeitsplots mittels Korrespondenzanalyse in unterschiedlichen Statistikprogrammen (z. B. in XLSTAT oder in R im Paket „ca“)

	Probe 347	Probe 129	Probe 552
Zitrus	10	1	5
Beeren	0	9	1
Tropische Früchte	7	0	1
Röstaromen	0	3	10
Ätherisch	4	7	7
Nussig	0	0	5
Grün - grasig	6	1	1
Kräuter	0	2	1
Blumig	1	8	0
Zimt	0	7	0
Nelke	1	4	0
Pfeffer	0	5	4
Kreuzkümmel	2	0	8
Koriander	0	1	8

Abb. 2.3 CATA Häufigkeitstabelle (in EXCEL)

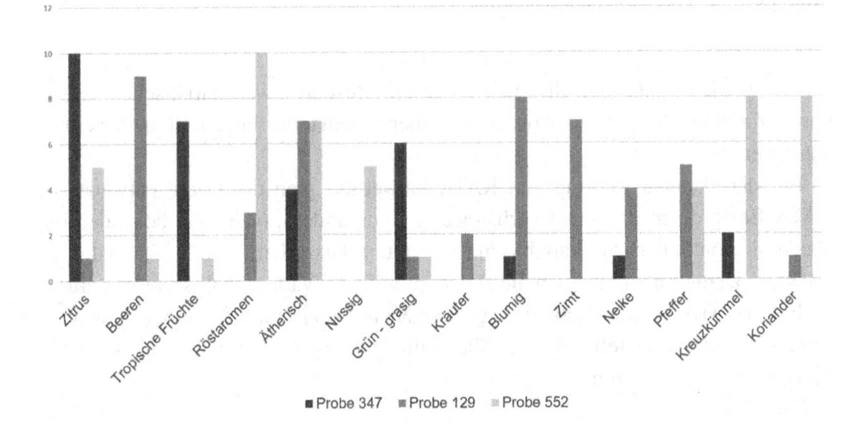

Abb. 2.4 CATA Balkendiagramm (in EXCEL)

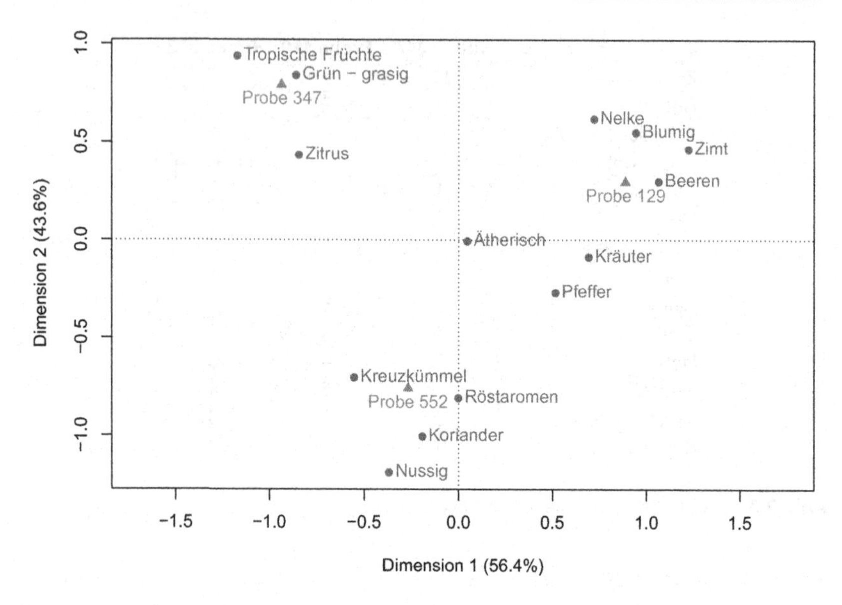

Abb. 2.5 CATA Korrespondenzanalyse (in R)

erstellt werden (Abb. 2.5). Ihre Interpretation erfordert etwas statistisches Know-how. Produkte, die auf der Abbildung näher beieinander liegen, sind insgesamt ähnlicher.

Für die Datenauswertung von RATA konvertiert man die Daten entweder zu CATA Ergebnissen (0 = nicht vorhanden, 1 = vorhanden), oder man behandelt die Daten als kontinuierliche Variable mit vier Intensitätsstufen 0, 1, 2, 3 (Vidal et al. 2018). In letzterem Fall werden die Daten mithilfe der Varianzanalyse ausgewertet.

Bei TCATA werden aus den gewonnenen Daten mithilfe einer Sensoriksoftware Kurven erstellt, welche die zum jeweiligen Zeitpunkt angekreuzten Merkmale repräsentieren.

2.1.6 Stärken/Schwächen der Methode

Stärken

- Kurze Instruktionszeit
- Einfache Durchführung

- Schnell
- Mit einfachen Wörtern mit Kindern durchführbar

Schwächen

- Keine Intensitäten abgefragt
- Durch vorgegebene Listen können Merkmale, die nicht auf der Liste stehen, übersehen werden
- Verständliche Merkmale müssen festgelegt werden

Fazit

CATA ist mittlerweile eine populäre Methode und eine rasche, wenn auch ungenauere Alternative zu herkömmlichen deskriptiven Methoden, die v. a. dann zum Einsatz kommt, wenn Proben deutliche Unterschiede aufweisen und die zu beschreibenden Produkte wenig komplex sind. In jedem Fall stellt CATA eine Möglichkeit für kleine und mittlere Unternehmen, die den Aufwand eines trainierten Panels für klassische deskriptive Analysen nicht leisten können, um Produkte sensorisch zu charakterisieren. Die Ergebnisse sind unternehmensintern relevant, sie können aber auch B2B, etwa als Rückmeldung für Rohstofflieferanten sinnvoll sein.

Bei RATA ist der Unterschied zur klassischen deskriptiven Analyse geringer, die Frage nach einer „Schnellmethode" relativ. Methodenvergleiche zeigten, dass die Häufigkeiten von CATA sehr stark mit den Intensitätsbewertungen bei RATA korrelieren. Auch korrelieren die Intensitätsbewertungen von RATA und konventionellen Profilprüfungen miteinander (Ares et al. 2018). Wir empfehlen daher, wenn möglich CATA zu verwenden, und wo Schnellmethoden ungenügend genau sind, auf herkömmliche Profilprüfungen zu setzen.

TCATA hat sich bisher aufgrund der Komplexität und der benötigten Software im Vergleich zu CATA und RATA wenig durchgesetzt. ◀

2.2 Pivot©-Profil

2.2.1 Messprinzip

Bei Pivot©-Profil handelt es sich um eine vergleichende Methode, bei der die Unterschiede zwischen einer fixen Referenzgröße (= Pivot) und den Prüfproben sensorisch beschrieben werden. Ein Produkt wird als Standard bzw. Referenzprobe definiert. Die restlichen Produkte werden nacheinander mit dem gewählten Pivot verglichen. Die Prüfpersonen beschreiben die Unterschiede zwischen den Produkten mit ihren eigenen Worten. Bei jedem Probenpaar werden die Prüfpersonen aufgefordert alle Merkmale zu nennen, die bei der Probe stärker bzw. schwächer ausgeprägt sind als beim Pivot (Thuillier et al. 2015).

Die Ergebnisse zeigen die wichtigsten Unterschiede auf. Der Vergleich ist qualitativ, d. h. das Pivot©-Profil zeigt Ähnlichkeiten und Unterschiede zwischen den Produkten auf, liefert jedoch keine detaillierten Beschreibungen. Die Daten sind insofern „unvollständig", da nur Merkmale genannt werden, die sich von der Referenzprobe unterscheiden. Sind beide Produkte gleich *fruchtig,* so wird die *Fruchtigkeit* nicht in den Ergebnissen aufscheinen.

Grundsätzlich wird die Methode für Produkte empfohlen, die merkbare Unterschiede aufweisen (Brand et al. 2020). Die Literatur weist jedoch auf Studien hin (Lelièvre-Desmas et al. 2017), in denen sehr ähnliche Produkte mittels Pivot©-Profils beschrieben wurden. Hier ist es wichtig, mit geschulten Prüfpersonen zu arbeiten. Die Studienautorinnen spekulierten, dass ähnliche Produkte dazu motivierten, sich besonders intensiv mit den Produkten und deren Unterschieden zu befassen.

Pivot©-Profil ist nicht auf einzelne Lebensmittelkategorien beschränkt und kann im Prinzip mit allen Produkten durchgeführt werden. In der Literatur findet man zwar hauptsächlich Studien mit Getränken (Bier, Wein, Champagner; Pearson et al. 2020 etc.) und Honig. In der Praxis haben wir aber gute Erfahrungen quer durch alle Kategorien gesammelt.

2.2.2 Vorbereitung

2.2.2.1 Proben

Für diese Schnellmethode sind mehrere Proben nötig, eine davon wird als Pivot festgelegt.

Als Pivot kommen mehrere Varianten infrage: es kann ein beliebiges Produkt aus dem zu verkostenden Set ausgewählt, ein interner Produktstandard herangezogen oder ein Mitbewerbsprodukt als Benchmark eingesetzt werden. Bei flüssigen Produkten ist auch eine Mischung aus allen Proben, also ein Blend, eine Möglichkeit.

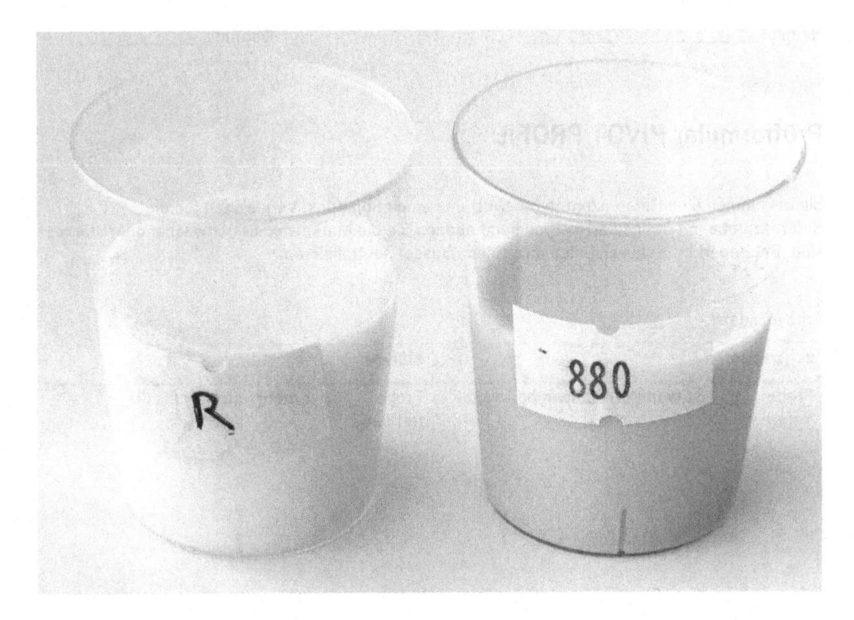

Abb. 2.6 Beispiel für eine Probenvorbereitung für ein Pivot ©-Profil mit Sojadrinks

Die maximale Anzahl hängt von der Produktkategorie ab. Hier empfehlen wir die allgemeinen Richtlinien der guten Sensorikpraxis[2], also ein Reduzieren der Probenanzahl je intensiver und komplexer sie sind. Die Prüfproben werden idealerweise mit dreistelligen Zufallszahlen codiert.

In Abb. 2.6 sehen Sie ein Beispiel für eine Probenvorbereitung, in Abb. 2.7 ein Prüfformular für ein Pivot®-Profil.

2.2.2.2 Formular

Gibt es in der Verkostungsgruppe bereits ein Sensorikvokabular, so können Wortlisten zur Unterstützung vorgegeben werden. Deneulin et al. (2018) empfehlen bereits verwendete Begriffe zur Verfügung zu stellen, wenn über mehrere Sessions mit einer Produktkategorie gearbeitet wird. Hier muss darauf geachtet

[2]Zur guten Sensorikpraxis gehören die Wahl der richtigen Methode, ein geeigneter Prüfraum, die richtige und professionelle Vorbereitung und Darreichung der Prüfprodukte, ein Bereitstellen von Mitteln zur Gaumenneutralisation etc.

Name: ______________________ Datum: ______________

Prüfformular PIVOT PROFIL

Sie bekommen eine Referenzprobe (= Pivot) und einen Sojadrink. Vergleichen Sie die Referenzprobe mit der codierten Probe und nennen Sie die Merkmale, die schwächer oder stärker sind. Bei Bedarf bitte den Gaumen mit stillem Wasser neutralisieren.

Probencode: __________

schwächer	**stärker**
Probe _____ ist **weniger/ schwächer** als die Referenz	Probe ____ ist **mehr/ stärker** als die Referenz

Abb. 2.7 Beispiel für ein Pivot ©-Profil-Prüfformular für einen Sojadrink

werden, dass die Prüfpersonen trotzdem eigene Begriffe ergänzen, damit die Freiheit der Methode nicht eingeschränkt ist.

2.2.2.3 Sonstiges

Gaumenneutralisationsmittel und sonstige erforderliche Materialien erfolgen wie in Abschn. 2.1.2.3 beschrieben.

2.2.3 Testpersonen

Bei Personen mit Produktwissen genügen etwa 12 TesterInnen, bei ungeschulten VerbraucherInnen sind mehr Prüfpersonen nötig (wir empfehlen mindestens 30 Urteile).

2.2.4 Durchführung

Die Prüfpersonen testen die Proben individuell, unter Einhaltung guter Sensorikpraxis.

Die Probenreihenfolge erfolgt randomisiert. Je ein Prüfprodukt wird gepaart mit dem Pivot gereicht, und die Testpersonen notieren sämtliche Merkmale, die stärker oder schwächer als beim Pivot sind. Das Pivot selbst wird nicht bewertet.

2.2.4.1 Darreichung

Für die Durchführung eines Pivot-Tests werden die Referenzprobe gepaart mit den Testproben in randomisierter, also zufälliger Reihenfolge gereicht. Hier ist zu beachten, dass von der Referenzprobe die größte Menge benötigt wird, da jede Prüfprobe mit ihr verglichen wird.

2.2.4.2 Testen

Die Prüfpersonen machen sich zuerst mit dem Pivot vertraut und kosten erst danach die Prüfprobe. Nun notieren sie alle Merkmale, in denen sich die Prüfprobe von der Referenz unterscheidet. Hier gibt es keine Limitierung hinsichtlich der verwendeten Begriffe. Die Anzahl wird von jeder Person selbst festgelegt und hängt auch von der Art und Unterschiedlichkeit der Proben ab. Erfahrungsgemäß werden im Schnitt fünf bis sechs Begriffe pro Person genannt.

2.2.5 Auswertung

Die Auswertung erfolgt in EXCEL. Zuerst werden alle Begriffe der Prüfpersonen von der Testleitung aufgelistet. Danach kann eine Gruppierung in ähnliche Begriffe bzw. Synonyme erfolgen. Die Gruppierung erfordert Fingerspitzengefühl und sollte von einer Person mit Produktwissen und sensorischer Erfahrung vorgenommen werden. Die Herausforderungen dabei sind die Interpretation der einzelnen Begriffe und die Entscheidung, mit welchen Deskriptoren dieselben Eigenschaften gemeint sind (z. Bsp. Bitter und Herb, siehe Tab. 2.1).

Nun wird festgehalten, wie viele Personen die Testprobe stärker, und wie viele sie schwächer als das Pivot im jeweiligen Attribut bewertet haben.

Die Differenz aus stärker (+) bzw. schwächer (−) wird berechnet, dies erlaubt eine grobe Abschätzung der Intensität.

Tab. 2.1 Auszug eines Ergebnisses einer Senfverkostung mittels Pivot ©-Profils für eine Prüfprobe

Produkt/Code	Merkmal	Schwächer	Stärker	Differenz
463	Intensiv gelbe Farbe		9	9
	Süße	−2	10	8
	Schärfe	−11	3	−8
	Würzig/Aromatisch/Kräftig	−7		−7
	Bitter/Herb	−4	1	−3

Bei der Auswertung muss beachtet werden, dass die Methode Daten für die Prüfproben, jedoch nicht für die Pivot-Probe generiert. Da alle Proben im Vergleich zum Pivot beschrieben werden, gibt das Pivot©-Profil zwar indirekt Auskunft über die Beschaffenheit dieses Produkts. Es scheint jedoch nicht in der Korrespondenzanalyse oder in der Häufigkeitstabelle auf.

2.2.6 Stärken/Schwächen der Methode

Stärken

- Leicht durchführbar
- Gut geeignet für Personen, die sensorisches Beschreiben gewöhnt sind
- Bringt Struktur mit und erleichtert die Datenauswertung
- Ideal, wenn Unterschiede zu einem Standard herausgearbeitet werden sollen
- Geeignet für Produkte, die sich schnell verändern (Bsp. Speiseeis)

Schwächen

- Ungeeignet für sehr kleine Produktunterschiede
- Für die Pivot-Probe wird keine Beschreibung erstellt

Fazit

Pivot©-Profil gibt Einblick in die wichtigsten sensorischen Unterschiede zwischen Lebensmittelprodukten. Wir empfehlen das Arbeiten mit geschulten Prüfpersonen, die das Arbeiten mit der Sensoriksprache gewohnt sind. So kann Pivot©-Profil ein schnelles Verständnis hinsichtlich Ähnlichkeiten und Unterschieden liefern. ◄

Literatur

Ares, G., & Jaeger, S. R. (2013). Check-all-that-apply questions: Influence of attribute order on sensory product characterization. *Food Quality and Preference, 28*(1), 141–153.

Ares, G., Jaeger, S. R., Antúnez, L., Vidal, L., Giménez, A., Coste, B., et al. (2015). Comparison of TCATA and TDS for dynamic sensory characterization of food products. *Food Research International, 78,* 148–158.

Ares, G., Picallo, A., Coste, B., Antúnez, L., Vidal, L., Giménez, A., & Jaeger, S. R. (2018). A comparison of RATA questions with descriptive analysis: Insights from three studies with complex/similar products. *Journal of Sensory Studies, 33*(5), e12458.

Brand, J., Valentin, D., Kidd, M., Vivier, M. A., Næs, T., & Nieuwoudt, H. H. (2020). Comparison of pivot profile© to frequency of attribute citation: Analysis of complex products with trained assessors. *Food Quality and Preference, 84,* 103921.

Castura, J. C., Antúnez, L., Giménez, A., & Ares, G. (2016). Temporal Check-All-That-Apply (TCATA): A novel dynamic method for characterizing products. *Food Quality and Preference, 47,* 79–90.

Deneulin, P., Reverdy, C., Rébénaque, P., Danthe, E., & Mulhauser, B. (2018). Evaluation of the Pivot Profile©, a new method to characterize a large variety of a single product: Case study on honeys from around the world. *Food Research International, 106,* 29–37.

Jaeger, S. R., & Ares, G. (2015). RATA questions are not likely to bias hedonic scores. *Food Quality and Preference, 44,* 157–161.

Jaeger, S. R., Beresford, M. K., Lo, K. R., Hunter, D. C., Chheang, S. L., & Ares, G. (2020). What does it mean to check-all-that-apply? Four case studies with beverages. *Food Quality and Preference, 80,* 103794.

Jaeger, S. R., Beresford, M. K., Paisley, A. G., Antúnez, L., Vidal, L., Cadena, R. S., Giménez, A., & Ares, G. (2015). Check-all-that-apply (CATA) questions for sensory product characterization by consumers: Investigations into the number of terms used in CATA questions. *Food Quality and Preference, 42,* 154–164.

Lelièvre-Desmas, M., Valentin, D., & Chollet, S. (2017). Pivot profile method: What is the influence of the pivot and product space? *Food Quality and Preference, 61,* 6–14.

Mahieu, B., Visalli, M., Thomas, A., & Schlich, P. (2020). Free-comment outperformed check-all-that-apply in the sensory characterisation of wines with consumers at home. *Food Quality and Preference,* 103937.

Pearson, W., Schmidtke, L., Francis, I. L., & Blackman, J. W. (2020). An investigation of the Pivot© Profile sensory analysis method using wine experts: Comparison with descriptive analysis and results from two expert panels. *Food Quality and Preference, 83,* 103858.

Thuillier, B., Valentin, D., Marchal, R., & Dacremont, C. (2015). Pivot© profile: A new descriptive method based on free description. *Food Quality and Preference, 42,* 66–77.

Vidal, L., Ares, G., Hedderley, D. I., Meyners, M., & Jaeger, S. R. (2018). Comparison of rate-all-that-apply (RATA) and check-all-that-apply (CATA) questions across seven consumer studies. *Food Quality and Preference, 67,* 49–58.

Ähnlichkeitsmessungen 3

3.1 Sorting

3.1.1 Messprinzip

Sorting eignet sich, wenn man wissen möchte, welche Produkte ähnlich oder sehr unterschiedlich wahrgenommen werden. Die Testpersonen erhalten sämtliche Produkte gleichzeitig und sortieren diese in Gruppen nach sensorischer Ähnlichkeit. Jede Testperson kann entscheiden, wie viele Gruppen sie bildet und nach welchen Kriterien diese Gruppen gebildet werden. Die Methode liefert keine detaillierten sensorischen Beschreibungen, sondern zeigt relative Ähnlichkeiten und Unterschiede auf (Chollet et al. 2011).

Um die relative Ähnlichkeit der Produkte anschließend zu visualisieren, wird mittels Multidimensionaler Skalierung (MDS) ein Plot aus den gewonnenen Daten erstellt.

Grundsätzlich eignet sich die Methode, um sich einen Überblick über ein größeres Produktsortiment zu verschaffen, um zu verstehen, wo die eigenen Produkte im Vergleich zum Mitbewerb stehen oder um aus vielen Produktentwicklungsvarianten geeignete Vertreter für die weitere Entwicklung auszuwählen.

Sorting eignet sich für alle Produktkategorien sowie für Bilder und Verpackungen.

3.1.1.1 Varianten des Sortings

Free Sorting

Free Sorting ist sozusagen die Basisvariante des Sortings und wird in der Praxis am häufigsten durchgeführt. Beim Testen steht es den Personen frei, nach

E. Derndorfer und E. Buchinger, *Schnellmethoden der Lebensmittelsensorik*, essentials, https://doi.org/10.1007/978-3-658-31890-1_3

welchen Kriterien sie die Proben sortieren und wie viele Gruppen sie bilden möchten. In Abb. 3.1 sehen Sie ein ganzes Probenset (a), sowie unterschiedliche Sortierungsstrategien – eine Sortierung nach Farbe (b), nach Größe (c), und nach Material (d). Häufig werden danach noch kurze sensorische Beschreibungen zu den Gruppen ergänzt.

Hamilton und Lahne (2020) empfehlen sogar, explizit nach sensorischen Beschreibungen zu fragen, da die meisten Personen dies ohnehin tun, auch wenn sie gar nicht darum gebeten werden. Das Beschreiben könnte ein gedanklich notwendiger Teil des Kategorisierens sein und dieses sogar erleichtern.

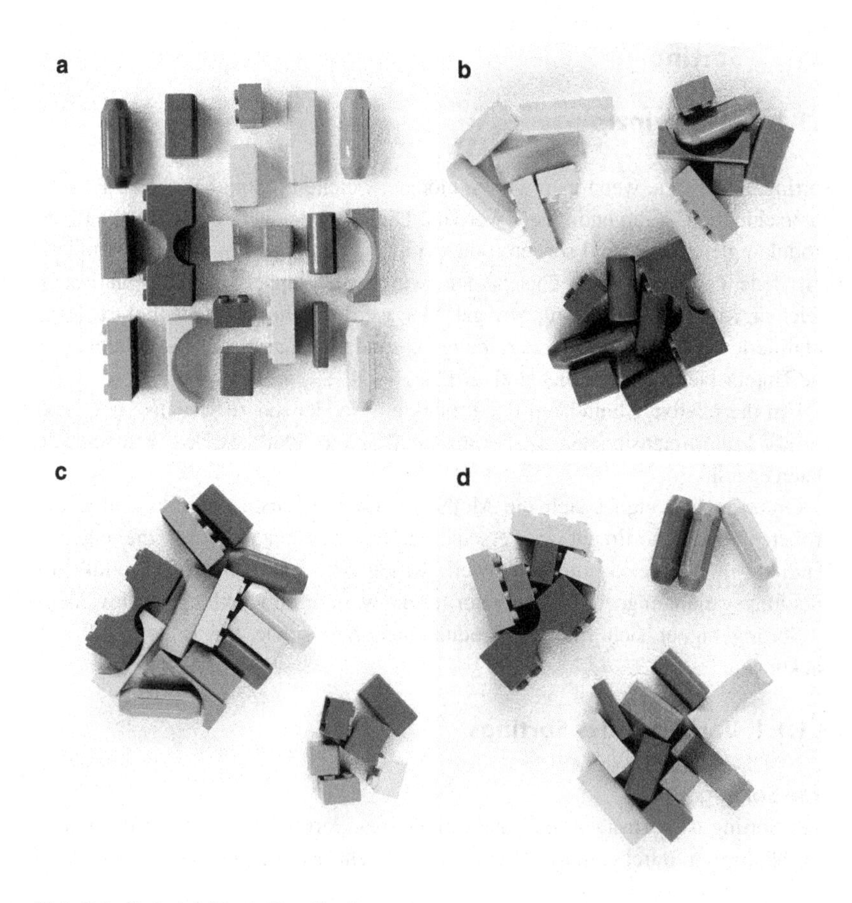

Abb. 3.1 Beispiel für ein Free Sorting

Q-Sorting

Bei Q-Sorting werden die Kategorien, nach denen sortiert werden soll, bereits vorgegeben (z. B. scharf und mild) – die Personen ordnen die Proben dann nur noch den Kategorien zu.

Free Multiple Sorting

Bei Free Multiple Sorting führen die Prüfpersonen ein freies Sorting nach eigenen Kriterien durch und können die Proben danach wieder poolen und noch einmal nach neuen Kriterien sortieren. Der ganze Prozess kann beliebig oft wiederholt werden (Dehlholm 2015).

Sequential Agglomerative Sorting Task (SAS)

Diese Abwandlung ist für den Fall, dass die Probenanzahl für ein herkömmliches Sorting zu hoch ist, wenn z. B. ein ganzes Marktsegment untersucht werden soll. Beim SAS werden die Proben in aufeinanderfolgenden Teilsets präsentiert (Brard und Lê 2019). So werden von jeder Person alle Produkte bewertet.

Im ersten Schritt bildet jede Prüfperson Gruppen mit dem ersten Teilset an Produkten. Die Gruppen werden mit ein paar sensorischen Begriffen verbalisiert. Nun erfolgt ein Sorting eines weiteren Teilsets. Die im ersten Teil gebildeten Gruppen werden dabei berücksichtigt und Produkte aus dem zweiten Set können in diese Gruppen ergänzt werden. Außerdem können neue Gruppen erstellt werden.

3.1.2 Vorbereitung

3.1.2.1 Proben

Sorting ist eine Methode der Wahl, wenn viele Produkte gleichzeitig beurteilt werden sollen. In der Praxis wird mit mindestens 6 bis ca. 15 Proben gearbeitet, je nach Intensität. Wenn Bilder oder Verpackungen beurteilt werden, können auch weit mehr Proben zum Einsatz kommen; so wurde in einer Studie mit Obst- und Gemüsebildern mit 32 Bildern gearbeitet (Mielby et al. 2014).

Die maximale Anzahl hängt von der Produktkategorie ab. Hier empfehlen wir die allgemeinen Richtlinien der guten Sensorikpraxis, also ein Reduzieren der Probenanzahl je intensiver und komplexer sie sind. Die Prüfproben werden idealerweise mit dreistelligen Zufallszahlen codiert. In Abb. 3.2 sehen Sie ein Beispiel für eine Probenvorbereitung, in Abb. 3.3 ein Prüfformular.

Abb. 3.2 Beispiel für eine Probenvorbereitung für ein Free Sorting mit Ölen

3.1.2.2 Formular

Name: ______________________ Datum: ______________

Prüfformular SORTING

Mit diesem Test soll die Ähnlichkeit von Ölen untersucht werden. Bitte kosten Sie alle Proben und sortieren Sie diese in Gruppen:

- Öle, die Ihrer Meinung nach ähnlich sind, werden in einer Gruppe zusammengefasst.
- Öle, die sich stärker voneinander unterscheiden, sollen in unterschiedliche Gruppen sortiert werden.

Sie können so viele Gruppen bilden, wie Sie möchten. Bitte notieren Sie die Gruppen auf dem Prüfblatt.

Abb. 3.3 Beispiel für ein Sorting-Prüfformular

3.1.2.3 Sonstiges

Gaumenneutralisationsmittel und sonstige erforderliche Materialien erfolgen wie in Abschn. 2.1.2.3 beschrieben.

3.1.3 Testpersonen

Sorting wird sowohl mit untrainierten, als auch mit trainierten Personen durchgeführt. Je mehr Prüfpersonen, desto genauer wird das Ergebnis. Als Untergrenze werden zehn trainierte Testpersonen, bzw. mindestens 30 untrainierte Personen empfohlen (Courcoux et al. 2015).

3.1.4 Durchführung

Die Prüfpersonen erhalten alle Produkte gleichzeitig, in randomisierter Probenreihenfolge. Sie testen die Proben individuell und sortieren diese in Gruppen nach sensorischer Ähnlichkeit. Jede Testperson kann entscheiden, wie viele Gruppen sie bildet und nach welchen Kriterien diese Gruppen gebildet werden. Um die spätere Interpretation des Plots zu erleichtern, kann man die Testpersonen bitten, für jede Gruppe ein bis zwei beschreibende Begriffe zu finden.

3.1.4.1 Darreichung

Für die Durchführung eines Sortings werden alle Produkte gleichzeitig in randomisierter, also zufälliger Reihenfolge gereicht.

3.1.4.2 Testen

Die Prüfpersonen machen sich mit allen Proben vertraut und sortieren diese danach in Gruppen nach der empfundenen Ähnlichkeit. Produkte, die ähnlich empfunden werden, kommen in eine Gruppe. Wichtig dabei ist, dass mindestens zwei Gruppen gebildet werden und dass immer mindestens zwei Produkte in einer Gruppe sind. Jede Probe benötigt einen „Nachbarn", also die nächst ähnliche Probe. Sollte ein Produkt von jeder Person als Einzelprobe definiert werden, so kann sie bei der Auswertung im Plot nicht mehr dargestellt werden.

Ansonsten gibt es keine Limitierungen hinsichtlich der Anzahl an Gruppen bzw. an Produkten in einer Gruppe. Hilfreich für das Verständnis ist es, wenn zu jeder Gruppe ein paar Merkmale ergänzt werden bzw. die Prüfpersonen kurz erklären, warum sie diese Gruppen gebildet haben. Dazu können auch vorher erarbeitete Attributlisten verwendet werden (Rodrigues et al. 2020).

3.1.5 Auswertung

Zuerst erfolgt eine Dateneingabe in EXCEL. Zur weiteren Auswertung wird ein Statistikprogramm benötigt, wie z. B. XLSTAT, SPSS, R etc.

Im Folgenden finden Sie ein Beispiel, wie Sie die Daten für die Multidimensionale Skalierung (MDS) vorbereiten können. Die Gruppen werden in eine Tabelle umgewandelt (siehe Tab. 3.1):

In unserem Beispiel haben die Prüfpersonen 2 und 4 die Proben in drei Gruppen sortiert, die restlichen Prüfpersonen in zwei Gruppen. Person 1 sortierte Proben 234, 803 und 578 in eine Gruppe, die verbleibenden drei Proben in die zweite Gruppe.

Tab. 3.1 Auszug eines Sorting-Ergebnisses mit sechs Produkten

	Person 1	Person 2	Person 3	Person 4	Person 5	Person 6	Person 7
Probe 234	1	1	1	1	1	2	1
Probe 803	1	2	1	2	1	2	2
Probe 110	2	2	1	2	1	2	1
Probe 699	2	3	2	1	2	2	2
Probe 425	2	3	2	3	2	1	1
Probe 578	1	1	1	3	1	1	2

Was als „Gruppe 1", „Gruppe 2" etc. bezeichnet wird, ist irrelevant. Bei der Auswertung wird lediglich berücksichtigt, wie oft zwei Proben in der gleichen Gruppe sind (z. B. haben 4 Prüfpersonen die Proben 234 und 803 in die gleiche Gruppe sortiert). Je öfter zwei Proben in eine Gruppe sortiert werden, desto ähnlicher sind sie.

3.1.5.1 Multidimensionale Skalierung (MDS)

Die MDS ist eine multivariate statistische Methode, die Strukturen innerhalb eines gegebenen Datensatzes aufzeigt. MDS reduziert komplexe Daten und stellt die Proben in einem Produktplot dar. So können ähnliche Produkte von unähnlichen visuell unterschieden werden.

Um die relative Ähnlichkeit der sortierten Produkte zu visualisieren, wird aus den gewonnenen Daten zuerst eine Ähnlichkeitsmatrix und daraus eine Distanzmatrix erstellt. Daraus wird mittels MDS ein Ähnlichkeitsplot erstellt – die Distanzen zwischen den Produkten werden also visualisiert. Je näher sich zwei Produkte in der Darstellung sind, desto ähnlicher sind sie sich, je weiter entfernt, umso unähnlicher bzw. unterschiedlicher.

Ähnlich wie bei anderen explorativen Methoden ist die Interpretation der Ergebnisse nicht immer einfach, sie unterliegt einer gewissen Subjektivität durch die Prüfleitung. Die ergänzenden Beschreibungen auf den Prüfformularen können deshalb bei der Interpretation der MDS sehr hilfreich sein.

Wie gut die Darstellung der Ähnlichkeiten in zwei Dimensionen ist, kann am sogenannten Stress-Wert abgelesen werden. Ein Stress-Wert < 10 % weist auf eine gute Repräsentation hin. Abschließend ist noch anzumerken, dass MDS als explorative Methode keine Hypothesentests inkludiert und keine *signifikanten* Unterschiede zwischen Produkten anzeigt (Derndorfer und Baierl 2014). Abb. 3.4 zeigt ein Beispiel für ein Sorting Ergebnis mit MDS.

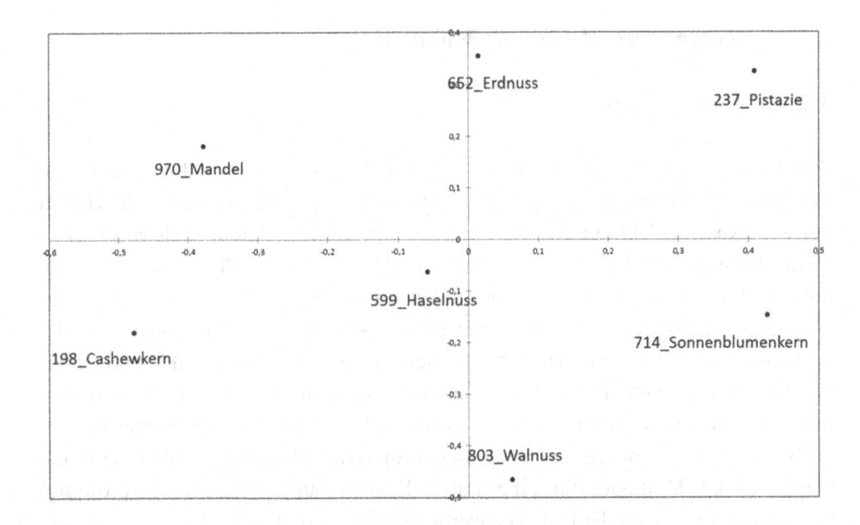

Abb. 3.4 Beispiel für eine MDS mit Nüssen

3.1.6 Stärken/Schwächen der Methode

Stärken

- Einfach und intuitiv durchführbar
- Für eine höhere Produktanzahl gut geeignet
- Auch für Marken, Verpackungen, Bilder etc. geeignet.
- Simple Datenerfassung. Auch wenn Papierfragebögen verwendet werden, erfolgt die Eingabe in EXCEL sehr rasch.

Schwächen

- Für die Auswertung ist ein Statistikprogramm nötig
- Die Interpretation des Plots ist etwas subjektiv

Fazit

Sorting gibt einen Überblick über eine größere Anzahl an Produkten und eignet sich, wenn man wissen möchte, ob Produkte ähnlich oder unterschiedlich wahrgenommen werden. Die Methode liefert keine detaillierten sensorischen Beschreibungen, sondern zeigt grobe Ähnlichkeiten und Unterschiede auf. ◀

3.2 Projective Mapping & Napping®

3.2.1 Messprinzip

Projective Mapping (PM) kommt ursprünglich aus der Psychologie und fand via qualitative Marktforschung Einzug in die Sensorik. Es handelt sich wie bei Sorting (Abschn. 3.1) um eine Methode, wo die relative Ähnlichkeit von Proben betrachtet wird. Die Prüfpersonen erhalten alle zu testenden Proben simultan und müssen diese in einem zweidimensionalen Raum – auf einem Tischtuch (franz. „nappe", namensstiftend), einem Blatt Papier oder auf dem Bildschirm – relativ zueinander positionieren: Ähnliche Proben liegen nahe beieinander und unterschiedlichere Proben sind weiter voneinander entfernt. Die Kriterien dafür sind individuell und reflektieren die Wichtigkeit der Merkmale für jede Testperson.

Napping® ist eine Erweiterung des Projective Mappings. Dabei wird die ursprüngliche Methode um eine kurze Beschreibung (Ultra flash profiling) ergänzt und eine spezielle Datenauswertung vorgeschrieben.

3.2.1.1 Varianten von Napping

Partial Napping

Partial Napping ist ein Napping getrennt nach Sinnesmodalität. Es wird also ein Napping auf Basis der Optik durchgeführt, dann nach Geruch, beim dritten Napping geht es um den Geschmack der Proben, beim vierten um die Textur. Die Testpersonen müssen sich daher nicht entscheiden, was die wichtigsten Eindrücke sind. Nach Pfeiffer und Gilbert (2009) sind Partial Napping Ergebnisse analytischer als das holistische Napping.

Sorted Napping

Hier erfolgt nach dem klassischen Napping® eine Sortierung der Proben in Gruppen. Dies erleichtert die Interpretation.

Consensus Napping

Consensus Napping ist eine von uns vorgeschlagene Abwandlung, die auch für kleine und mittlere Unternehmen geeignet ist. Während beim herkömmlichen Napping® jede Testperson ein individuelles Prüfblatt erhält und die Proben nach Ähnlichkeit direkt auf dem Blatt positioniert, erfolgt dies beim Consensus Napping gemeinsam in der Gruppe. Die Nähe der Position entspricht der empfundenen Ähnlichkeit.

3.2.2 Vorbereitung

3.2.2.1 Proben

Alle Prüfproben werden blind mit dreistelligen Codes dargereicht. Der Einsatz von blinden Doppelproben ist möglich und sinnvoll, um die Qualität des Ergebnisses einschätzen zu können.

Da alle Proben in einer Sitzung getestet werden müssen, ist die maximale Probenzahl limitiert. Sie hängt von der Produktkategorie, von der Intensität und Komplexität der Proben, aber auch davon ab, ob geschulte oder ungeschulte Testpersonen zum Einsatz kommen. Fünf Proben sind mindestens notwendig, 15 Proben sind üblicherweise ein Maximum. Torri et al. (2013) und Perrin et al. (2007) reichten jeweils zwölf Weinproben, bei Vidal et al. (2014) war die Probenzahl produktabhängig und lag bei fünf Erdbeersorten, acht Cracker, acht Vanilledesserts, zehn Rotweinen oder 14 Pulvergetränken.

Vorsicht ist bei alkoholischen Getränken geboten: hier scheint die Komplexität der Produkte jedoch einen größeren Einfluss auf die Wiederholbarkeit der Ergebnisse zu haben als der Alkoholgehalt (Louw et al. 2014). Bei höherer Probenzahl alkoholischer Getränke erwies sich Partial Napping als besser geeignet als klassisches Napping (Louw et al. 2013).

Abb. 3.5 zeigt ein Beispiel für eine Probenvorbereitung.

3.2.2.2 Formular

In Abb. 3.6 finden Sie ein Beispiel für eine Anleitung am Prüfformular für Projective Mapping:

Ergänzung bei Napping: „Sobald Sie alle Proben positioniert haben, notieren Sie bitte ein paar Begriffe auf dem Papier, um die Honige zu beschreiben."

Üblich ist ein leeres A3-Papier-Format (420 × 297 mm) zur Produktpositionierung, doch ist der Einfluss des Formats offenbar wenig bedeutend: Louw et al. (2015) verglichen die Ergebnisse bei Verwendung eines rechteckigen A3 Formats, eines quadratischen (297 × 297 mm) und eines runden Formats (295 mm Durchmesser). Die Ergebnisse waren sehr ähnlich, sowohl was die Ähnlichkeitsplots als auch die Anzahl und Art der Deskriptoren im Ultra-flash-Profiling betrifft.

Für Consensus Napping gibt es anstelle individueller Prüfformulare bzw. individueller computerisierter Datenerfassung ein gemeinsames großes, leeres Blatt Papier (z. B. Flipchartpapier oder beschreibbares Tischtuch), auf dem die Proben positioniert werden und Begriffe notiert werden können.

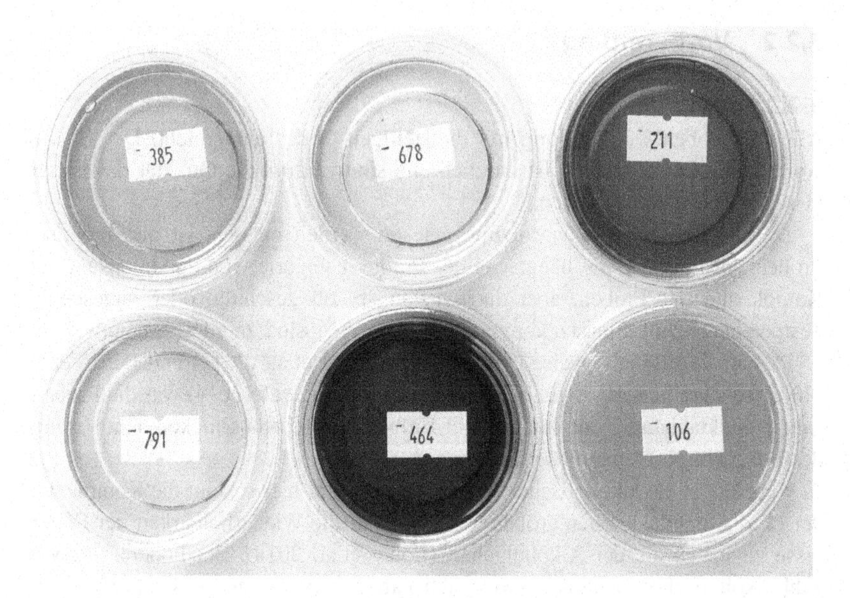

Abb. 3.5 Beispiel für eine Probenvorbereitung für Projective Mapping mit Honigen

Name: ______________________ Datum: ______________

Prüfformular PROJECTIVE MAPPING

Mit diesem Test soll die relative Ähnlichkeit von sechs Honigen untersucht werden. Bitten kosten Sie die vorliegenden Honige und positionieren Sie diese auf dem Papierbogen vor Ihnen, sodass zwei ähnliche Proben nahe beisammen und zwei unähnliche weit voneinander entfernt liegen. Es gibt keine richtigen oder falschen Antworten, da es um Ihre individuellen Kriterien und Ihr Empfinden der Proben geht.

Abb. 3.6 Beispiel für ein Projective Mapping-Prüfformular

3.2.2.3 Sonstiges

Gaumenneutralisationsmittel und sonstige erforderliche Materialien erfolgen wie in Abschn. 2.1.2.3 beschrieben.

3.2.3 Testpersonen

Grundsätzlich können geschulte Testpersonen oder ungeschulte KonsumentInnen eingesetzt werden. Da KonsumentInnen keine Anhaltspunkte erhalten, worauf sie achten sollen, fallen die individuellen Ergebnisse v. a. bei komplexen Proben durchaus variabel aus.

Beim Einsatz trainierter Prüfpersonen liegt die Gruppengröße etwa zwischen neun und 15 Testpersonen. Werden untrainierte Prüfpersonen eingesetzt, erhöht sich die Prüferanzahl auf 15 bis 50 (Varela und Ares 2012). Vidal et al. (2014) schlagen als Sicherheitsvariante 50 KonsumentInnen vor. Derart viele Personen sind in der Praxis für kleine Unternehmen unserer Erfahrung nach nur schwer realisierbar (ein Ausweg für diese Herausforderung ist das Consensus Napping.

Eine Schulung der Testpersonen verbessert die Napping Ergebnisse deutlich. Liu et al. (2016) ließen drei Panels die gleichen Proben nappen. Alle Prüfergruppen waren sensorisch trainiert und erfahren, jedoch nicht in die Methode und die konkreten Produkte. Liu et al. schulten daher eine der drei Gruppen auf die Methode Napping und eine andere Gruppe auf die Produkte, jedoch nicht auf die Methode. Die dritte Gruppe war die Kontrollgruppe ohne spezifische Schulung. Das Ergebnis zeigte deutlich, dass beide Schulungsvarianten sowohl die Produktunterscheidung verbesserten als auch die Wiederholbarkeit erhöhten. Die zusätzlichen Beschreibungen fielen semantisch einheitlicher aus, wenn die Prüfpersonen vorab auf die Produkte trainiert wurden.

Barton et al. (2020) verglichen die PM-Ergebnisse von vier Prüfergruppen: einem PM-Methoden-erfahrenen Panel, einem deskriptiven (d. h. auf sensorische Beschreibungen trainiertes) Panel, einer Gruppe WeinexpertInnen (sprich: Fachpersonen bezüglich der Produktkategorie) sowie einer größeren Gruppe untrainierter KonsumentInnen. Die beiden ersten Prüfergruppen lieferten ähnliche Ergebnisse, die sich von jenen der WeinexpertInnen und der KonsumentInnen unterschieden. Gibt es in einem Unternehmen kein trainiertes deskriptives Panel und soll die Schnellmethode die Ergebnisse trainierter Panels ersetzen, ist es daher sinnvoll, auf eine Prüfgruppe zu setzen, die mit der Methode vertraut ist oder in Form einer Einführungseinheit vertraut gemacht wird.

Consensus Napping ist ein gruppendynamischer Prozess, daher ist eine große Gruppe bei dieser Variante kontraproduktiv. Ideal sind Gruppengrößen mit ungefähr zehn Personen. Die Methode ist unternehmensintern für Verkostungen hilfreich, wenn man sich – abteilungsübergreifend – ein Bild von den Proben, etwa eigenen versus Mitbewerbsprodukten oder auch Prototypen im Zuge der Produktentwicklung verschaffen möchte. Die Testpersonen müssen nicht sensorisch geschult sein. Wir führen CN seit einigen Jahren erfolgreich in Workshops mit Unternehmen durch.

3.2.4 Durchführung

3.2.4.1 Darreichung

Alle Prüfproben werden simultan gereicht, die Aufstellung am Prüfplatz erfolgt randomisiert.

Für ein Consensus Napping empfehlen wir für jede Prüfperson ein individuelles Probenset, damit sich die Personen mit den Produkten vertraut machen können. Außerdem wird ein kollektives Probenset zur gemeinsamen Aufstellung am Flipchart/auf dem Tischtuch benötigt.

3.2.4.2 Testen

Trainierte oder untrainierte Prüfpersonen erhalten ein Blatt Papier und positionieren die Proben entsprechend ihrer Ähnlichkeit. Das bedeutet, dass jede Testperson einen individuellen Ähnlichkeitsplot erzeugt. Bei Napping® werden darüber hinaus Merkmale zur Produktbeschreibung direkt auf dem Blatt festgehalten (Ultra flash profile, UFP), was die spätere Interpretation erleichtert. Abb. 3.7 zeigt ein Napping

Abb. 3.7 Beispiel für ein Napping® ohne Ultra flash profile

Beispiel ohne UFP, Abb. 3.8 ein Sorted Napping, bei dem die Produkte zusätzlich in Gruppen markiert wurden.

Bei Consensus Napping testen die Prüfpersonen die Proben zuerst individuell und machen sich ein Bild von jeder Probe. Dann wird gemeinsam „genappt", dabei entsteht eine intensive Diskussion über die Produkte. Meist ist eine gesamtheitliche Betrachtung sinnvoll. Wie bei der Original Napping Methode kann Consensus Napping aber auch getrennt nach Sinnesmodalität erfolgen, d. h. die Proben werden einmal nach optischer Ähnlichkeit positioniert, einmal nach Geruch, Geschmack, etc. Ist sich die Prüfergruppe über die Positionierung aller Proben einig, können einzelne Begriffe zur Beschreibung direkt auf dem Papierbogen bei den Produkten festgehalten werden. In Analogie zum Sorted Napping können ähnliche Proben in Gruppen zusammengefasst werden, indem diese eingekreist werden. CN bringt einige wesentliche Vorteile: das Ergebnis liegt unmittelbar vor, alle am Prozess Beteiligten stehen zum Ergebnis, und niemand stellt dieses im Nachhinein infrage.

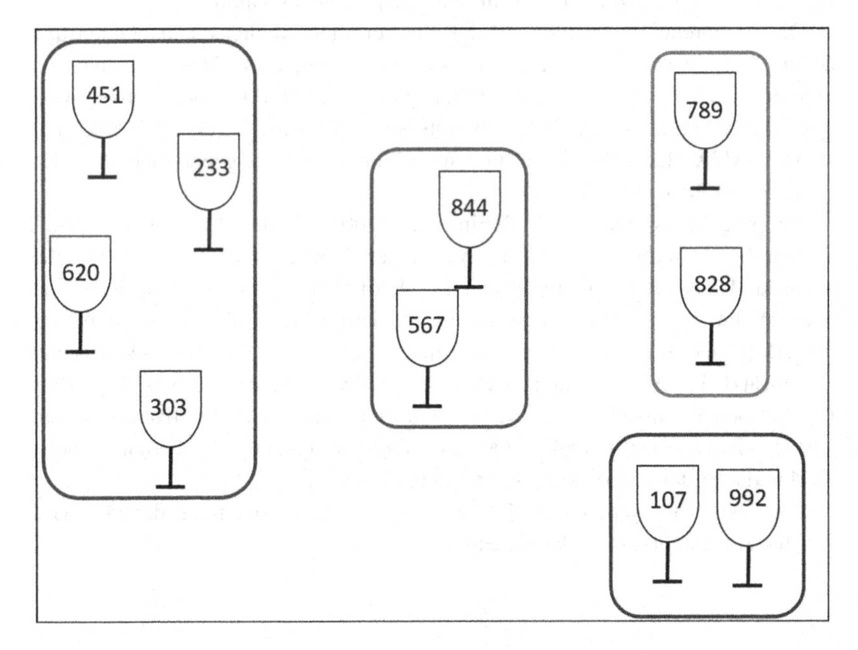

Abb. 3.8 Beispiel für ein Sorted Napping® ohne Ultra flash profile

3.2.5 Auswertung

Die Positionierung der Proben auf Papier hat einen Haken: Man muss die Koordinaten vom Papier einscannen oder einlesen. Doch was ist der Messpunkt, wenn Proben im Glas/Becher aufgestellt werden oder dreistellige Codes notiert werden? Hier gilt es, einen genauen Punkt zu definieren. Theoretisch kann auch ein Millimeterpapier verwendet werden.

Für Projective Mapping und Napping sind Statistikprogramme und Statistikkenntnisse unabdingbar. Für Projective Mapping werden zahlreiche multivariate statistische Methoden empfohlen: Multidimensionale Skalierung (MDS), Generalisierte Prokrustanalyse (GPA), Hauptkomponentenanalyse (PCA) oder Multiple Faktoranalyse (MFA). Alle genannten Methoden können mit gängigen Statistikprogrammen ausgewertet werden. Die Variante Napping® wird ausschließlich mittels Multipler Faktoranalyse (MFA) ausgewertet. In der kostenlosen Software R gibt es dafür ein Package namens FactoMiner (https://factominer.free.fr). Das Ergebnis ist ein Ähnlichkeitsplot aller Proben, ähnlich wie die erstellten Einzelplots, nur für alle Testpersonen kombiniert.

Die Interpretation der Plots erfolgt wie bei allen Ähnlichkeitsmethoden und deren Plots: je näher zwei Proben positioniert sind, umso ähnlicher sind sie. Mehrere Studien verglichen Ähnlichkeitsplots, die auf Basis deskriptiver Analysen mit trainierten Panels mittels Hauptkomponentenanalyse erstellt werden mit Napping MFA Maps. Die Korrelationen sind dabei hoch (Guggenbühl et al. 2012, Gonzalez-Mohino et al. 2019).

Napping Maps sind stabil: Perrin et al. (2007) führten Napping mit zwölf Weinproben zweimal im Abstand von einer Woche durch. Auch wenn die individuellen Napping-Ergebnisse bei der Mehrheit der zehn TesterInnen variierte und nur drei von zehn Testpersonen ein wiederholbares Ergebnis lieferten, war die „Map“ als Gruppenergebnis – und nur dieses ist von Interesse – konsistent. Die zusätzlichen Beschreibungen waren nur teilweise konsistent, das zeigt, dass Beschreibungen als add-on zu werten sind und nicht mit deskriptiven Analysen von trainierten Panels vergleichbar sind. Die Häufigkeiten der beschreibenden Merkmale werden jedoch ausgezählt und festgehalten.

Für Consensus Napping erfolgt keine statistische Auswertung, der Plot wird gemeinsam erstellt und ist das Endergebnis.

3.2.6 Stärken/Schwächen der Methode

Stärken

- Schnell und intuitiv
- Für untrainierte und trainierte Testpersonen
- Consensus Napping bedarf keiner Dateneingabe und keiner Datenauswertung, das Ergebnis liegt unmittelbar am Ende des Gruppenprozesses vor
- Bei Consensus Napping ist der Reflexionsprozess über die Position durch Diskussion groß

Schwächen

- Anzahl der Proben innerhalb eines Sets ist limitiert
- Relativ, daher ist kein Vergleich mit anderen PM/Napping/CN Ergebnissen möglich
- Individuelle Deskriptoren ungeschulter Testpersonen erschweren die Interpretation
- Bei Consensus Napping ist die Gefahr der Dominanz einzelner Prüfpersonen gegeben (dies ist besonders bei einer Konstellation mit Prüfpersonen aus mehreren Unternehmens-Hierarchien ein Thema)
- Produktkenntnisse können das Ergebnis beeinflussen
- Ausmessen der Koordinaten und Datentransfer vom Papier in ein Datenfile sind aufwendig

Fazit

PM, Napping und Varianten davon sind Schnellmethoden bei der Vorbereitung und Durchführung. Der Datentransfer von Papier auf Datenfile ist jedoch aufwendig und die Auswertung zwar mit allen Statistikprogrammen durchführbar, aber sie benötigt statistisches Verständnis. Die von uns vorgeschlagene Variante Consensus Napping umgeht das Problem der Datenerfassung und -auswertung und ist daher noch schneller. Das Gruppenergebnis liegt unmittelbar vor. Zwar ist diese Variante eine „quick & dirty"- Methode, für die Praxis in kleinen Unternehmen aber hilfreich. ◀

3.3 Polarized Sensory Positioning (PSP)

3.3.1 Messprinzip

PSP ist eine referenzbasierte Prüfmethode, die nur im Vergleich mit mehreren Standardproben funktioniert. Sie ist holistisch, da es um den Gesamteindruck der Probe, nicht um einzelne sensorische Eigenschaften geht. Die Methode wurde entwickelt, um sensorische Daten aus mehreren Verkostungen zusammenfügen zu können, was bei sonstigen Schnellmethoden gar nicht oder nur eingeschränkt möglich ist. Innerhalb einer Sitzung hat man daher eine überschaubare Probenzahl (Teillet et al. 2010).

In der ursprünglichen Form werden vorab drei Proben als Referenzproben, die sogenannten „Pole", definiert. Dann werden alle Prüfproben nacheinander mit jedem Pol verglichen und anhand einer Skala die Ähnlichkeit zu jedem Pol bewertet. Die Pole ersetzen damit als „Metaattribute" eine Vielzahl von Begriffen, wie dies in der deskriptiven Sensorik üblich ist.

3.3.1.1 Varianten von PSP

Triadic Polarized Sensory Positioning (T-PSP)
Bei dieser vereinfachten Form wird ebenso jede Prüfprobe mit den drei Polen verglichen, aber anstatt die Ähnlichkeit anhand einer Skala zu quantifizieren, wird lediglich bewertet, welchem Pol die Probe am ähnlichsten und welchen Pol am unähnlichsten ist.

Polarized Projective Mapping (PPM)
Polarized Projective Mapping ist ein Hybrid aus Polarized Sensory Positioning (PSP) und Projective Mapping (PM) (Abschn. 3.2) und wurde von Ares et al. (2013) vorgeschlagen. Es werden wie bei PSP Pole ausgewählt und diese vom Prüfleiter fix auf einem Blatt Papier positioniert. Die Testpersonen kosten zuerst die Pole. Anschließend kosten sie die Prüfproben und positionieren diese relativ zu den Polen (und damit auch zueinander) auf dem Papier. Die Auswahl der Pole scheint weniger kritisch zu sein, solange die Pole die gesamte sensorische Bandbreite der Produkte abdecken (de Salamando et al. 2015a). Die Datenauswertung erfolgt mittels Multipler Faktoranalyse. PPM gleicht die Nachteile der Ausgangsmethoden PSP und PM aus: ungeschulte Konsumenten müssen im Gegensatz zu PSP nicht mit Skalen arbeiten und Unterschiede quantifizieren, sondern können die Produkte ganzheitlich betrachten und relativ zueinander positionieren. Der

Einsatz fixer Pole erlaubt, dass mehrere Tests mit gleichen Polen miteinander verglichen werden können bzw. dass bei großer Probenzahl die Produkte auf mehrere Testeinheiten aufgeteilt werden können, was zwar bei PSP, jedoch bei PM nicht möglich ist (Ares et al. 2013). Untrainierte Konsumenten liefern brauchbare Ergebnisse bei PPM (de Salamado et al. 2015b).

3.3.2 Vorbereitung

3.3.2.1 Proben

Die Auswahl der Pole ist der kritischste Teil der Vorbereitung, da sie – unachtsam durchgeführt – das Endergebnis stark beeinflussen kann. Es bedarf für die Selektion daher einer Vorverkostung sowie eines Hintergrundwissens über die Proben, etwa Kenntnis der Rezepturen und/oder Marktpositionierungen. Die drei Pole sollten den sensorischen Raum, d. h. die maximale Unterschiedlichkeit innerhalb der zu testenden Proben, so gut wie möglich abdecken. Nach de Saldamando et al. (2013) könnte der Einfluss der Pole auf das Endergebnisse beim Einsatz naiver KonsumentInnen größer sein als bei trainierten Testpersonen, die bereits Erfahrung mit der Produktkategorie haben.

Ares et al. (2015) schlagen vor, die Anzahl der Pole von der Komplexität der Produktkategorie sowie der Anzahl der Merkmale, in denen deutliche Produktunterschiede erwartet werden, abhängig zu machen. Die Auswahl der Pole ist entsprechend der wesentlichen sensorischen Merkmale zu treffen. In drei Studien mit Schokomilch, Vanillemilchdesserts und Orangendrinks – alle drei wenig komplexe Produkte – zeigten sie, dass bereits zwei sorgfältig ausgewählte Pole ausreichend sein können. Dies vereinfacht die Aufgabenstellung für untrainierte KonsumentInnen und beugt Ermüdungserscheinungen vor. Ares et al. (2015) ergründeten außerdem die kognitiven Strategien von untrainierten Personen bei der Bewertung. Diese scheinen zuerst die wichtigsten ein bis zwei sensorischen Merkmale der Pole für sich selbst zu definieren (z. B. Süße vs. Schokogeschmack & Bitterkeit bei Schokomilch) und dann die Prüfproben anhand der Unterschiedlichkeit in diesen Merkmalen zu bewerten. Die Pole müssen diese Merkmale deutlich repräsentieren. Sind die Prüfproben sehr ähnlich, sind nur zwei Pole sicherlich problematisch.

Die Pole werden als solche gekennzeichnet (z. B. R1, R2, R3 für drei Referenzproben), die Prüfproben werden blind mit dreistelligen Codes dargereicht. Üblich ist der Einsatz von blinden Doppelproben, um die Qualität des Ergebnisses einschätzen zu können. Dabei können ein oder mehrere Pole blind als Prüfprobe im Set sein, und/oder Prüfproben doppelt gereicht werden. Fleming et al. (2015) reichten alle drei Pole blind als Duplikate. Innerhalb einer Sitzung sind drei Pole und 8–10 Prüfproben gängig.

Die Probenmenge für die Pole hängt von der Anzahl der Prüfproben ab, da der Vergleich jeder einzelnen Probe zu den drei Polen erfolgt. Es muss daher eine ausreichende Probenmenge vorbereitet werden. Cadena et al. (2014) reichten jeweils 30 g Joghurt als Pole und 20 g Joghurt von jeder der acht Prüfproben. De Saldamando et al. (2013) bereiteten deutlich größere Probenmengen für die Pole vor: die Tester erhielten 100 ml Getränk pro Pol und 30 ml pro Prüfprobe, bei insgesamt neun Prüfproben. Wir empfehlen ebenso ein entsprechend multiples Mengenverhältnis.

Da alle Prüfproben mit denselben, fixen Referenzen verglichen werden, können die Prüfproben auf mehrere Sitzungen aufgeteilt werden. Sie können an mehreren unterschiedlichen Tagen oder am gleichen Tag mit längeren Pausen dazwischen verkostet werden – das erhöht die maximal mögliche Probenzahl (Voraussetzung dafür ist, dass die Pole in gleichbleibender Qualität zur Verfügung stehen). Dies ist ein Alleinstellungsmerkmal unter den sensorischen Schnellmethoden und ist vor allem dann bedeutend, wenn ungeschulte Testpersonen zum Einsatz kommen. Auch bei intensiven Proben, wo rasch sensorische Ermüdung eintritt, ist das Aufteilen auf mehrere Sitzungen hilfreich. PSP ist auch eine gute Methode für die Produktenwicklung, wenn Prototypen zu unterschiedlichen Zeiten vorliegen. Diese können zum jeweiligen Zeitpunkt getestet werden, die Ergebnisse der Prototypen dennoch miteinander verglichen werden.

PSP ist aber auch für sehr ähnliche Proben geeignet: die Methode wurde ursprünglich mit Mineralwässern entwickelt, bei denen sensorische Beschreibungen oft kein adäquates Bild abliefern können. Vergleichende Methoden wie PSP bieten gerade bei Wasser spannende Möglichkeiten, von der routinemäßigen sensorischen Wasserkontrolle über eine umfassende sensorische Analyse sämtlicher Mineralwässer eines Landes bis zu einer weltweiten Wasserstudie (Teillet et al. 2010).

Abb. 3.9 zeigt ein Beispiel für eine Probenvorbereitung für PSP.

3.3.2.2 Formular

Die Testpersonen bewerten die Ähnlichkeit jeder Prüfprobe zu den drei Polen anhand einer unstrukturierten Linienskala mit den Endpunkten 0 = „exakt gleich" und 10 = „komplett unterschiedlich".

Der Ankerpunkt „komplett unterschiedlich" wird semantisch durchaus kritisch betrachtet, da dieser Ausdruck individuell sehr unterschiedlich interpretiert werden kann (Teillet et al. 2010).

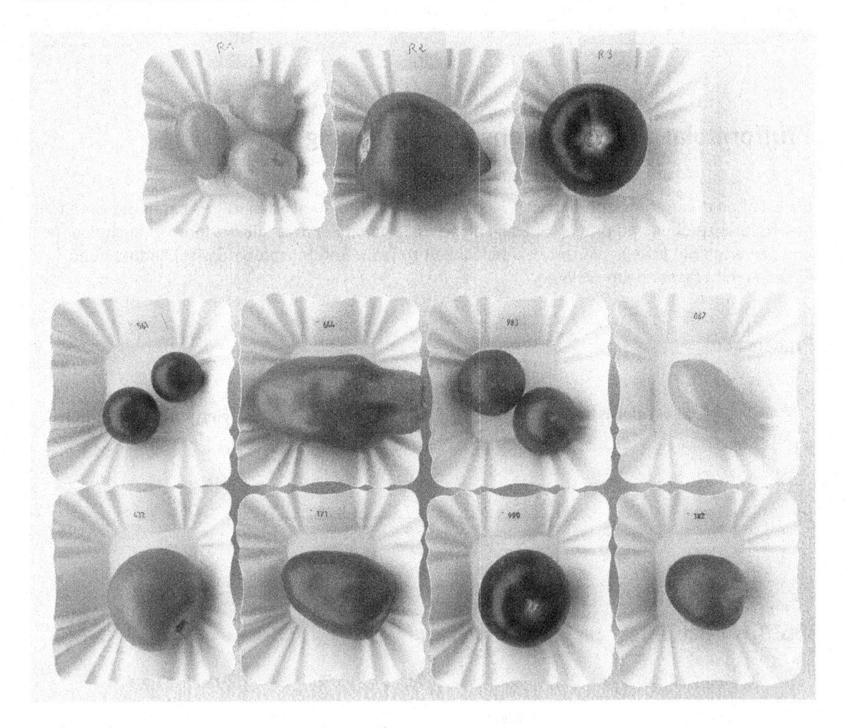

Abb. 3.9 Beispiel für eine Probenvorbereitung für ein Polarized Sensory Positioning mit Tomaten

Ein Auszug aus einem Prüfformular finden Sie in Abb. 3.10.

Auch wenn sensorische Beschreibungen kein Methodenbestandteil von PSP sind, kann eine zusätzliche Beschreibung für die Interpretation hilfreich sein.

3.3.2.3 Sonstiges

Gaumenneutralisationsmittel und sonstige erforderliche Materialien erfolgen wie in Abschn. 2.1.2.3 beschrieben. Da bei PSP aufgrund der Methodik auch längere Pausen zwischen den Proben möglich sind, ist der Stellenwert der Gaumenneutralisation geringer.

Name: ______________________ Datum: ______________

Prüfformular Polarized Sensory Positioning

Sie erhalten drei Referenzproben (R1, R2, R3) und acht Tomatensorten. Bitte kosten Sie zuerst die drei Referenzproben und prägen Sie sich diese ein. Kosten Sie dann die Prüfproben nacheinander und bewerten Sie jeweils die Unterschiedlichkeit zu jeder Referenzprobe. Zwischendurch den Gaumen mit Wasser neutralisieren.

Probencode ________:

	exakt gleich	komplett unterschiedlich
R1	---	
R2	---	
R3	---	

Abb. 3.10 Beispiel für ein PSP Prüfformular

3.3.3 Testpersonen

Da bei PSP keine sensorische Beschreibung nötig ist, sondern lediglich eine Ähnlichkeitsbewertung, kann die Methode gleichermaßen mit geschulten und ungeschulten Testpersonen durchgeführt werden. Teillet et al. (2010) ließen 32 KonsumentInnen die Ähnlichkeit von Mineralwässern bewerten, Fleming et al. (2015) verwendeten 41 Prüfpersonen für adstringierende Stimuli, de Saldamando et al. (2013) 30 Testerinnen für Make-up und 92 Testpersonen für ein pulverisiertes Orangengetränk, und bei Cadena et al. (2014) prüften 81 KonsumentInnen Joghurts.

Wie bereits erwähnt, ist die Auswahl der Pole ein Schlüsselfaktor, deren Einfluss auf das Ergebnis bei KonsumentInnen mitunter höher. Auch wenn die Art der Messung, die Ähnlichkeit, per se keine Erfahrung benötigt, haben trainierte Testpersonen mit ihrer Produkterfahrung einen geistigen Rahmen, in dem sich die Produkte befinden. Der Einfluss der Pole auf das Testergebnis könnte dadurch geringer sein.

3.3.4 Durchführung

3.3.4.1 Darreichung

Die Prüfproben werden sequentiell monadisch, d. h. eine nach der anderen, gereicht. Die Probenreihenfolge erfolgt randomisiert.

3.3.4.2 Testen

Die Prüfpersonen testen die Proben individuell und vergleichen jede Prüfprobe mit den drei Polen. Der Unterschied zwischen Prüfprobe und Pol wird an einer unstrukturierten Linienskala bewertet. Bei der Variante T-PSP erfolgt nur eine Bewertung, welchem Pol die Prüfprobe am ähnlichsten und welchem Pol am wenigsten ähnelt.

3.3.5 Auswertung

Analog zu anderen Ähnlichkeits-Schnellmethoden erfolgt die Auswertung mithilfe multivariater deskriptiver Analysemethoden, die allesamt eine grafische Darstellung der Ähnlichkeiten – eine sogenannte „map" – als Ergebnis haben. Sie sind mit allen gängigen Statistikprogrammen möglich.

Nach Teillet et al. (2010) können die Pole als Produkte oder als globale Deskriptoren betrachtet werden. Zählen die Pole als Produkte, erfolgt die Auswertung mithilfe Multidimensionaler Skalierung. In diesem Fall ist 0 = „exakt gleich" und 10 = „komplett unterschiedlich". Werden die Pole hingegen als globale Deskriptoren betrachtet, werden die Daten mithilfe einer Hauptkomponentenanalyse (PCA) ausgewertet. In diesem Fall werden die Daten wie folgt codiert: 0 = „komplett unterschiedlich", 10 = „exakt gleich".

Die meisten Studienautoren führen die Auswertung und zugleich bildliche Darstellung von PSP mit Multipler Faktoranalyse (MFA) aus (Ares et al. 2013, 2015; Cadena et al. 2014; Fleming et al. 2015, de Salamando et al. 2013). Konfidenzellipsen können mit Hilfe von parametrischen Bootstrapping erstellt werden, das benötigt jedoch spezifisches Statistik-know-how.

Werden Doppelproben blind gereicht, wird der Anteil (%) der KonsumentInnen kalkuliert, die die Proben als identisch erkannten. Dieser liegt in Studien meist zwischen 65 und 75 %. Die Fähigkeit, die Pole blind zu erkennen, kann auch der Prüferauswahl dienen. So könnten Daten von Testpersonen, die zwei oder drei Pole blind nicht erkannten, vor der Auswertung entfernt werden (Ares et al. 2013).

Für die vereinfachte Form von Polarized Sensory Positioning, das Triadic-PSP, werden die Daten mittels Multipler Korrespondenzanalyse (MCA) ausgewertet (Ares et al. 2013).

Das Ergebnis ist einem Realitätscheck zu unterziehen, um zu überprüfen, ob die Pole sinnvoll ausgewählt wurden: Passen die Ergebnisse zu den Rezepturen? Bei Benchmarktests: Stimmen die Ähnlichkeiten mit den Marktpositionierungen überein?

3.3.6 Stärken/Schwächen der Methode

Stärken

- Schnelle Durchführung
- Hohe Probenzahl möglich, da der Vergleich mit fixen Referenzen erfolgt und das Testen auf mehrere Tage verteilt möglich ist
- Ideal für die Produktentwicklung, da Prototypen oft zu unterschiedlichen Zeitpunkten vorliegen und mit PSP dennoch verglichen werden können
- Mit intensiven sowie schwachen Proben möglich

Schwächen

- Auswahl der Pole beeinflusst das Ergebnis
- Gute Kenntnisse der Produkte bzw. der Produktkategorie sind für die Polauswahl erforderlich
- Studien mit komplexen Lebensmitteln fehlen, diese benötigen vermutlich mehr Pole
- Keine sensorische Beschreibung der Proben
- Statistikprogramm und statische Grundkenntnisse sind erforderlich

Fazit

Da der Einfluss der Pole kritisch ist, empfehlen wir die Methode nur, wenn entsprechend umfassende Produktkenntnisse vorhanden sind und wenn andere Schnellmethoden aufgrund a) der hohen Probenanzahl, b) des Vorliegens der Proben zu unterschiedlichen Zeitpunkten, etwa im Produktentwicklungszyklus, oder c) aufgrund der Natur der Proben (z. B. sehr intensive oder sehr schwache Proben) zu kurz greifen bzw. nicht möglich sind. Für diese Situationen schließt die Methode eine Lücke, um sich ein Bild über die Produkte zu verschaffen. Dies kann auch mit untrainierten Testpersonen erfolgen. ◄

Literatur

Ares, G., Antúnez, L., Oliveira, D., Alcaire, F., Giménez, A., Berget, I., et al. (2015). Pole selection in polarized sensory positioning: Insights from the cognitive aspects behind the task. *Food Quality and Preference, 46,* 48–57.

Ares, G., de Saldamando, L., Vidal, L., Antúnez, L., Giménez, A., & Varela, P. (2013). Polarized projective mapping: Comparison with polarized sensory positioning approaches. *Food Quality and Preference, 28*(2), 510–518.

Barton, A., Hayward, L., Richardson, C. D., & McSweeney, M. B. (2020). Use of different panellists (experienced, trained, consumers and experts) and the projective mapping task to evaluate white wine. *Food Quality and Preference, 83,* 103900.

Brard, M., & Lê, S. (2019). The Sequential Agglomerative Sorting task, a new methodology for the sensory characterization of large sets of products. *Journal of Sensory Studies, 34*(5), e12527.

Cadena, R. S., Caimi, D., Jaunarena, I., Lorenzo, I., Vidal, L., Ares, G., et al. (2014). Comparison of rapid sensory characterization methodologies for the development of functional yogurts. *Food Research International, 64,* 446–455.

Chollet, S., Lelièvre, M., Abdi, H., & Valentin, D. (2011). Sort and beer: Everything you wanted to know about the sorting task but did not dare to ask. *Food quality and preference, 22*(6), 507–520.

Courcoux, P., Qannari, E. M., & Faye, P. (2015). Free sorting as a sensory profiling technique for product development. *Rapid Sensory Profiling Techniques* (S. 153–185). Waltham: Woodhead Publishing.

De Saldamando, L., Antúnez, L., Giménez, A., Varela, P., & Ares, G. (2015a). Influence of poles on results from reference-based sensory characterization methodologies: Case study with polarized projective mapping consumers. *Journal of Sensory Studies, 30*(6), 439–447.

De Saldamando, L., Antúnez, L., Torres-, M., Gimenez, A., & Ares, G. (2015a). Reliability of polarized projective mapping with consumers. *Journal of Sensory Studies, 30*(4), 280–294.

De Saldamando, L., Delgado, J., Herencia, P., Giménez, A., & Ares, G. (2013). Polarized sensory positioning: Do conclusions depend on the poles? *Food Quality and Preference, 29*(1), 25–32.

Dehlholm, C. (2015). Free multiple sorting as a sensory profiling technique. *Rapid Sensory Profiling Techniques* (S. 187–196). Waltham: Woodhead Publishing.

Derndorfer, E., & Baierl, A. (2014). Multidimensional scaling (MDS). *Mathematical and Statistical Methods in Food Science and Technology* (S. 175–186). Chichester: Wiley Blackwell.

Fleming, E. E., Ziegler, G. R., & Hayes, J. E. (2015). Check-all-that-apply (CATA), sorting, and polarized sensory positioning (PSP) with astringent stimuli. *Food Quality and Preference, 45,* 41–49.

González-, A., Antequera, T., Pérez-Palacios, T., & Ventanas, S. (2019). Napping combined with ultra-flash profile (UFP) methodology for sensory assessment of cod and pork subjected to different cooking methods and conditions. *European Food Research and Technology, 245*(10), 2221–2231.

Guggenbühl, B., Deneulin, P., & Piccinali, P. (2012). *Comparing napping® and descriptive analysis data of butter samples*. Euronsense: Poster.

Hamilton, L. M., & Lahne, J. (2020). Assessment of instructions on panelist cognitive framework and free sorting task results: A case study of cold brew coffee. *Food Quality and Preference, 83,* 103889.

Liu, J., Grønbeck, M. S., Di Monaco, R., Giacalone, D., & Bredie, W. L. (2016). Performance of flash profile and napping with and without training for describing small sensory differences in a model wine. *Food Quality and Preference, 48,* 41–49.

Louw, L., Malherbe, S., Naes, T., Lambrechts, M., van Rensburg, P., & Nieuwoudt, H. (2013). Validation of two Napping® techniques as rapid sensory screening tools for high alcohol products. *Food Quality and Preference, 30*(2), 192–201.

Louw, L., Oelofse, S., Naes, T., Lambrechts, M., van Rensburg, P., & Nieuwoudt, H. (2014). Trained sensory panellists' response to product alcohol content in the projective mapping task: Observations on alcohol content, product complexity and prior knowledge. *Food Quality and Preference, 34,* 37–44.

Louw, L., Oelofse, S., Naes, T., Lambrechts, M., van Rensburg, P., & Nieuwoudt, H. (2015). The effect of tasting sheet shape on product configurations and panellists' performance in sensory projective mapping of brandy products. *Food quality and preference, 40,* 132–136.

Mielby, L. H., Hopfer, H., Jensen, S., Thybo, A. K., & Heymann, H. (2014). Comparison of descriptive analysis, projective mapping and sorting performed on pictures of fruit and vegetable mixes. *Food quality and preference, 35,* 86–94.

Perrin, L., Symoneaux, R., Maitre, M., Jourjon, F., & Pagès, J. (2007). *Is Napping® reliable? An experiment applied to twelve wines from Loire valley* Poster, Pangborn Symposium.

Pfeiffer, J., Gilbert, C. (2009). *Closing the gap between Napping and conventional profiling: Splitting the evaluation into partial napping sessions*. Campden BRI research summary sheet, 4.

Rodrigues, J. F., Mangia, B. A., e Silva, J. G., Lacorte, G. A., Coimbra, L. O., Esmerino, E. A., Freitas, M. Q., Pinheiro A. C. M., & da Cruz, A. G. (2020). Sorting task as a tool to elucidate the sensory patterns of artisanal cheeses. *Journal of Sensory Studies, 35*(3), e12562.

Teillet, E., Schlich, P., Urbano, C., Cordelle, S., & Guichard, E. (2010). Sensory methodologies and the taste of water. *Food Quality and Preference, 21*(8), 967–976.

Torri, L., Dinnella, C., Recchia, A., Naes, T., Tuorila, H., & Monteleone, E. (2013). Projective mapping for interpreting wine aroma differences as perceived by naïve and experienced assessors. *Food Quality and Preference, 29*(1), 6–15.

Varela, P., & Ares, G. (2012). Sensory profiling, the blurred line between sensory and consumer science. A review of novel methods for product characterization. *Food Research International, 48*(2), 893–908.

Vidal, L., Cadena, R. S., Antúnez, L., Giménez, A., Varela, P., & Ares, G. (2014). Stability of sample configurations from projective mapping: How many consumers are necessary? *Food Quality and Preference, 34,* 79–87.

Schnellmethoden in der hedonischen Sensorik 4

Schnellmethoden in der hedonischen Sensorik sind Abwandlungen der bereits vorgestellten Methoden.

4.1 CATA Emotional Profile

CATA, also das Ankreuzen bzw. Auswählen von passenden Deskriptoren, eignet sich auch hervorragend für die Emotionsmessung, die in den letzten zehn Jahren immer mehr Beachtung erhalten hat. Als Emotionen werden Reaktionen auf einen Reiz verstanden. Diese Reaktionen treten schnell auf und sind intensiv und von kurzer Dauer. Somit werden sie klar von Stimmungen abgegrenzt, die bereits vor dem Reiz vorhanden waren.

Folgende Fragen können mittels Emotionsmessung beantwortet werden: Welche Emotionen spielen vor, während und nach dem Verzehr von Lebensmitteln eine Rolle? Werden positive (glücklich, abenteuerlustig, mutig etc.) oder negative Gefühle (schuldbewusst, besorgt, angewidert etc.) hervorgerufen? Und werden diese Emotionen auch schon beim Kauf der Produkte aktiviert?

Emotionsmessungen können Unterschiede zwischen Produkten aufzeigen, die keine signifikanten Unterschiede hinsichtlich der Beliebtheit zeigten. In einer Studie von Danner et al. (2016) wurde Shiraz in verschiedenen Situationen getrunken: in einem Restaurant, einem Sensoriklabor und zu Hause. Die Situationen wirkten sich nicht signifikant auf die Beliebtheit aus – sehr wohl jedoch auf die hervorgerufenen Emotionen. Die KonsumentInnen empfanden im Restaurant mehr positive Emotionen als in den anderen Situationen. Je positiver diese waren *(glücklich, enthusiastisch),* desto mehr waren sie übrigens auch bereit für den Wein zu bezahlen.

E. Derndorfer und E. Buchinger, *Schnellmethoden der Lebensmittelsensorik,* essentials, https://doi.org/10.1007/978-3-658-31890-1_4

4.1.1 Messprinzip

Bei der Methode werden die Produkte wie bei CATA anhand eines vorgegebenen Vokabulars getestet. Die VerbraucherInnen verkosten die Proben und kreuzen dabei auf einer Liste die Emotionen an, die bei ihnen hervorgerufen werden.

4.1.1.1 Varianten

RATA (Rate-all-that-apply) Emotional Profile

Bei RATA werden wie bei CATA alle zutreffenden Emotionsbegriffe ausgewählt. Dann wird die Intensität für jedes zutreffende Merkmal an einer 3-Punkte-Skala bewertet (1 = schwach, 2 = mittel, 3 = stark). Wenn Produkte sehr ähnlich sind, kann RATA ev. auch bei Emotionsmessungen bessere Unterscheidungen liefern als CATA. Die Methodenwahl erfolgt also aufgrund des Produktsets (Jaeger et al. 2018a, b). Die Durchführung und Auswertung ist in Abschn. 2.1 genauer erklärt.

4.1.2 Vorbereitung

4.1.2.1 Proben

Die Probenvorbereitung erfolgt wie bei der CATA Methode (siehe Abschn. 2.1.2.1). Grundsätzlich muss wie bei allen Konsumententests entschieden werden, ob die Proben blind mit dreistelligen Codes oder mit Markennamen gereicht werden (sollen die sensorischen Kerneigenschaften oder der Markeneffekt erhoben werden?).

4.1.2.2 Formular

Wie im CATA Kapitel beschrieben wird ein Fragenbogen mit einer Wortliste erstellt – hier handelt es sich allerdings nicht um sensorische Deskriptoren, sondern um Emotionsbegriffe. In der Literatur sind einige Beispiele dafür zu finden (Meiselman 2016):

- GEOS – Geneva Emotion and Odor Scale: 36 Begriffe in sechs Dimensionen, die meisten Begriffe sind positiv, nur sieben davon negativ
- EsSense ProfilTM: 39 Begriffe, davon nur vier negativ
- PANAS – Positive Affect Negative Affect Schedule: 20 Emotionswörter, positive und negative Begriffe sind ausgewogen
- Richins-Liste: 47 Begriffe, davon 22 negativ und 25 positiv

- PrEmo®: interkulturelles non-verbales Messinstrument mit einer animierten Cartoonfigur, das auf 12 Emotionen basiert

Beim Erstellen des Fragebogens ist darauf zu achten, dass sowohl positive, als auch negative Begriffe verwendet werden, wobei die positiven meist überwiegen. Diese Liste sollte auch an das eigene Produkt angepasst werden, so wurden zum Beispiel für Kaffee die Wörter *aufgeladen* und *aufgerüttelt* ergänzt (Kanjanakorn und Lee 2017). Die Richins-Liste bietet eine gute Basis und wird gerne als „Einkaufsliste" verwendet, d. h. hier werden gerne Begriffe für einen eigenen Fragebogen ausgewählt. Auch hier gilt, dass kurze Listen für die VerbraucherInnen übersichtlicher sind, während längere Listen die Produkte besser unterscheiden können. Der Praxiskompromiss liegt meist bei 20 bis maximal 25 Emotionswörtern (Meiselman 2015), vergleichbar mit den Empfehlungen für CATA (Abschn. 2.1.2.2).

Werden Studien in unterschiedlichen Kulturkreisen durchgeführt, dann kann es durchaus sinnvoll sein, die Begriffe an den Kulturkreis anzupassen (Gunaratne et al. 2019). Am besten lässt man KonsumentInnen in Vortests geeignete Wörter aus einer großen Liste auswählen. Mittels Online-Fragebogens ist das schnell durchführbar.

Wenn zusätzlich zur Emotionsmessung auch die Akzeptanz abgefragt werden soll, dann sollte das VOR der Emotionsbefragung durchgeführt werden, da das Ausfüllen eines komplexeren Fragebogens keine spontane Beurteilung mehr zulässt.

Möchte man bei der Arbeit mit KonsumentInnen sowohl sensorische Eigenschaften, als auch Emotionen abfragen, so kann dies in einem kombinierten Fragebogen erfolgen. Dabei werden die Begriffe optisch, z. Bsp. durch unterschiedliche Farbbereiche, getrennt (Tab. 4.1):

Diese Listen können auch in Radform dargestellt werden (EmoSensory® Wheel), was ev. eine bessere Visualisierung ermöglicht (Abb. 4.1), aber keinen

Tab. 4.1 Kombination von Deskriptoren und Emotionsbegriffen in einem CATA Formular

Süß	Fruchtig
Salzig	Blumig
Zitrone	…
Ruhig	Glücklich
Nostalgisch	Gelangweilt
Interessiert	…

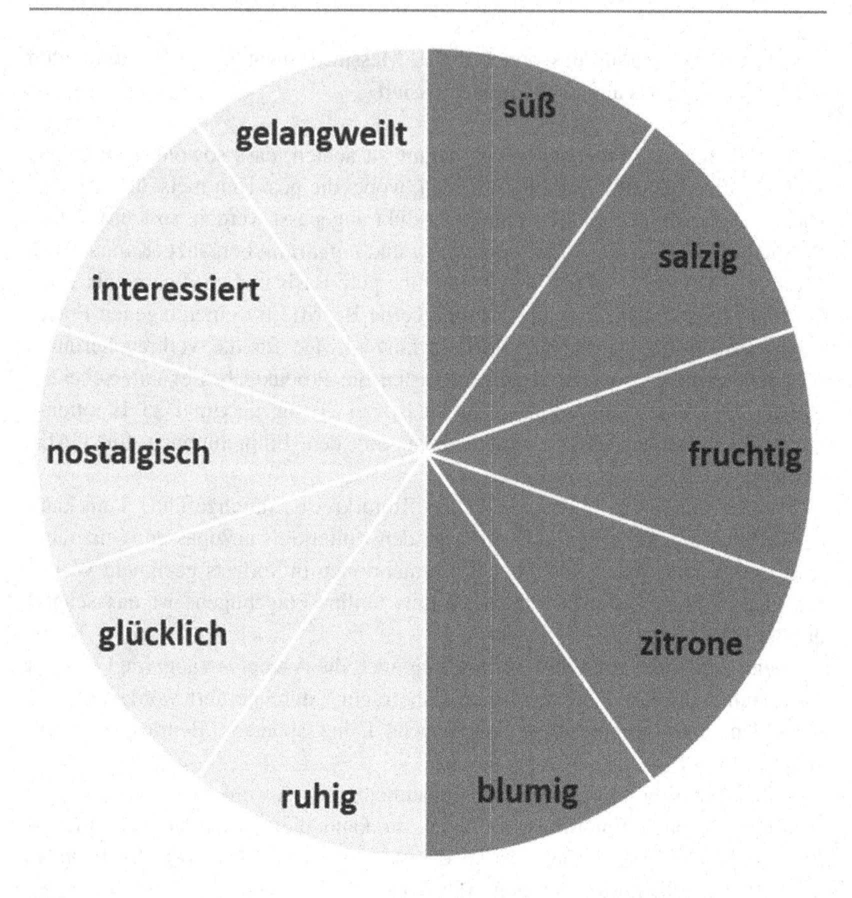

Abb. 4.1 Beispiel für eine Darstellung einer CATA Attributs- und Emotionsliste in Radform

Einfluss darauf hat, wie viele Begriffe ausgewählt werden (Schouteten et al. 2017a, b):

Diese Kombination der sensorischen Eigenschaften mit Emotionsmessung wurde mit 10–14-jährigen Kindern bereits erfolgreich durchgeführt (Schouteten et al. 2018). Für einen Test mit Keksen wurde ein Fragebogen mit insgesamt 29 Begriffen (Sensorik und Emotionen kombiniert) erstellt. Hier muss besonders darauf geachtet werden, dass Wörter verwendet werden, die von Kindern verstanden werden.

Das Verwenden der Emotionswörter wird immer wieder diskutiert, da Emotionen im Alltag in der Regel selten verbalisiert werden. Einen spannenden Ausweg bieten hier Emojis (Abb. 4.2), die in der Emotionsforschung immer häufiger verwendet werden. Emojis sind weltweit die am schnellsten wachsende Kommunikationsform. Es kann außerdem davon ausgegangen werden, dass sie einheitlich verstanden und verwendet werden – dies wurde bei Personen zwischen 18 und 60 Jahren getestet und bestätigt (Jaeger et al. 2018a, b).

Auch bei der Arbeit mit Kindern wurden Emojis bereits erfolgreich eingesetzt.

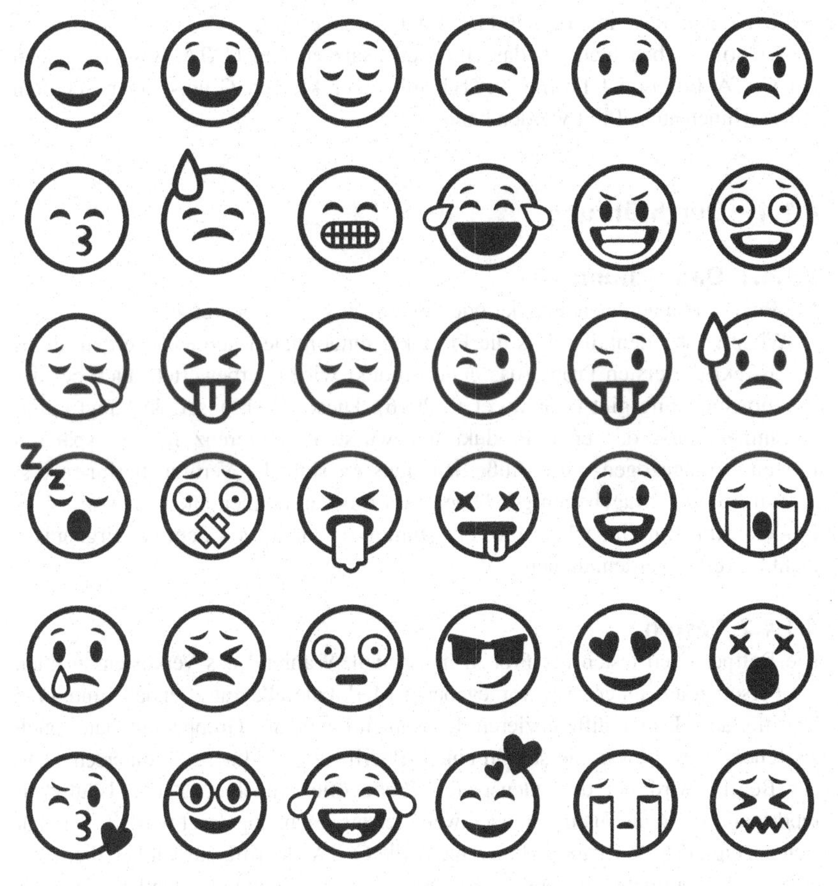

Abb. 4.2 Emojis sind eine spannende Alternative zu den Emotions-Wortlisten

4.1.2.3 Sonstiges

Gaumenneutralisationsmittel und sonstige erforderliche Materialien erfolgen wie in Abschn. 2.1.2.3 beschrieben.

4.1.3 Testpersonen

Für CATA Emotional Profile gelten die allgemeinen Empfehlungen für Konsumtentests, also als absolutes Minimum 60 gültige Urteile. Die Emotionsmessungen in den wissenschaftlichen Studien werden meist mit mindestens 100 Prüfpersonen, meist mit 120–200 Personen durchgeführt.

Wichtig zu beachten ist, dass im Gegensatz zu den CATA Beschreibungen ein CATA Emotional Profile NICHT mit einer kleinen Gruppe an geschulten PanelistInnen ausgeführt werden kann.

4.1.4 Durchführung

4.1.4.1 Darreichung

Die Proben können nacheinander oder gleichzeitig gereicht werden.

Wichtig ist jedenfalls, dass die Produkte randomisiert gereicht werden, da es den Effekt der ersten Probe (das erste Produkt wird überbewertet) auch bei der Emotionsmessung gibt (Dorado et al. 2016). Dieser Positionseffekt hängt damit zusammen, dass das erste Produkt unbewusst als Referenz für die späteren Proben herangezogen wird. Außerdem müssen sich die VerbraucherInnen erst an den Emotionsfragebogen gewöhnen. Als Ausweg können auch ein Warm-Up-Produkt zum Einschmecken bzw. ein Dummy-Produkt, von dem die Ergebnisse nicht bewertet werden, dienen.

4.1.4.2 Testen

Die Prüfpersonen testen die Proben individuell. Während des Verkostens wählen die Personen aus einer Liste vorgegebener Merkmale alle zutreffenden Emotionsbegriffe aus. Dabei differenzieren KonsumentInnen als Gruppe durchaus auch zwischen zwei Proben, die sich in einem Begriff in ihrer Intensität unterscheiden: der Begriff wird bei der intensiveren Probe öfter angekreuzt. Die Häufigkeit repräsentiert also die Intensität, auch wenn letztere nicht abgefragt wird. Zudem hat sich gezeigt, dass VerbraucherInnen nicht alle CATA-Begriffe auswählen, die sie in einer Probe wahrnehmen, sondern nur diejenigen, die einen individuellen personen- und kategoriespezifischen Schwellenwert überschreiten (Jaeger et al. 2015).

4.1.5 Auswertung

Die Auswertung von CATA Emotional Profile erfolgt analog der CATA Methode, siehe Abschn. 2.1.5.

Fazit

CATA Emotional Profile ist eine einfache Methode, um einen Einblick in die Emotionen der VerbraucherInnen zu bekommen. Wichtig ist hier die Auswahl der geeigneten Begriffe aus vorhandenen Listen bzw. ein Anpassen an das Produktset und den Kulturkreis.

Emojis sind eine spannende Alternative zu den Emotionswörtern und werden immer häufiger in der Emotionsforschung verwendet. ◄

4.2 Hedonic Napping®

Napping wird gerne mit ungeschulten VerbraucherInnen durchgeführt. Da liegt es nahe, dass gleichzeitig zu den Produktähnlichkeiten auch ein hedonisches Urteil abgegeben werden soll. Beim Hedonic Napping wird zuerst ein Sorted Napping durchgeführt (siehe Abschn. 3.2.1.1.2). Danach kleben die Testpersonen einen Sticker an die Stelle, an der sie sich selbst positionieren würden – also dort, wo sie sich mit ihren Vorlieben sehen würden. So werden hedonische Urteile erhoben, ohne die intuitive Ebene des Nappings zu verlassen (Cadiou et al. 2014).

Literatur

Cadiou, H., et al. (2014). *Hedonic Napping©. A new way of combining descriptive and hedonic data*. Poster: Eurosense.

Danner, L., Ristic, R., Johnson, T. E., Meiselman, H. L., Hoek, A. C., Jeffery, D. W., & Bastian, S. E. (2016). Context and wine quality effects on consumers' mood, emotions, liking and willingness to pay for Australian Shiraz wines. *Food Research International, 89,* 254–265.

Dorado, R., Pérez-Hugalde, C., Picard, A., & Chaya, C. (2016). Influence of first position effect on emotional response. *Food Quality and Preference, 49,* 189–196.

Gunaratne, T. M., Viejo, C. G., Fuentes, S., Torrico, D. D., Gunaratne, N. M., Ashman, H., & Dunshea, F. R. (2019). Development of emotion lexicons to describe chocolate using the Check-All-That-Apply (CATA) methodology across Asian and Western groups. *Food Research International, 115,* 526–534.

Jaeger, S. R., Beresford, M. K., Paisley, A. G., Antúnez, L., Vidal, L., Cadena, R. S., et al. (2015). Check-all-that-apply (CATA) questions for sensory product characterization by consumers: Investigations into the number of terms used in CATA questions. *Food Quality and Preference, 42,* 154–164.

Jaeger, S. R., Lee, S. M., Kim, K. O., Chheang, S. L., Roigard, C. M., & Ares, G. (2018a). CATA and RATA questions for product-focused emotion research: Five case studies using emoji questionnaires. *Food Quality and Preference, 68,* 342–348.

Jaeger, S. R., Xia, Y., Lee, P. Y., Hunter, D. C., Beresford, M. K., & Ares, G. (2018b). Emoji questionnaires can be used with a range of population segments: Findings relating to age, gender and frequency of emoji/emoticon use. *Food Quality and Preference, 68,* 397–410.

Kanjanakorn, A., & Lee, J. (2017). Examining emotions and comparing the EsSense Profile® and the coffee drinking experience in coffee drinkers in the natural environment. *Food Quality and Preference, 56,* 69–79.

Meiselman, H. L. (2015). A review of the current state of emotion research in product development. *Food Research International, 76,* 192–199.

Meiselman, H. L. (Hrsg.). (2016). *Emotion measurement.* Amsterdam: Woodhead publishing.

Schouteten, J. J., De Steur, H., Lagast, S., De Pelsmaeker, S., & Gellynck, X. (2017a). Emotional and sensory profiling by children and teenagers: A case study of the check-all-that-apply method on biscuits. *Journal of Sensory Studies, 32*(1), e12249.

Schouteten, J. J., Gellynck, X., De Bourdeaudhuij, I., Sas, B., Bredie, W. L., Perez-Cueto, F. J., & De Steur, H. (2017b). Comparison of response formats and concurrent hedonic measures for optimal use of the EmoSensory® Wheel. *Food Research International, 93,* 33–42.

Schouteten, J. J., Verwaeren, J., Lagast, S., Gellynck, X., & De Steur, H. (2018). Emoji as a tool for measuring children's emotions when tasting food. *Food Quality and Preference, 68,* 322–331.

Was Sie aus diesem *essential* mitnehmen können

- Sensorische Schnellmethoden bieten eine vielversprechende Alternative zur herkömmlichen deskriptiven Analyse und zeichnen sich durch eine einfache Durchführung aus.
- Je nach Probenset und Fragestellung kann aus einer Vielzahl die passende Methodik gewählt werden.
- Die einzelnen Kapitel bieten eine Hilfestellung zu Vorbereitung, Durchführung und Auswertung der sensorischen Schnellmethoden.
- Die Beispiele für Prüfformulare können an Ihre eigenen Produkte angepasst werden.

E. Derndorfer und E. Buchinger, *Schnellmethoden der Lebensmittelsensorik*, essentials, https://doi.org/10.1007/978-3-658-31890-1

Printed in the United States
By Bookmasters